W0375390

*Deutsche Fassung: Christine Baier*
*Fachliche Beratung: Dr. Walter Kölsch, Prien am Chiemsee*
*Herausgeber: Barbara Veit und Christine Wolfrum*

DIE WELT ERKENNEN

*Lizenzausgabe als Ravensburger Taschenbuch Band 8518*
*© 1990 Ravensburger Buchverlag Otto Maier GmbH*
*für die deutsche Ausgabe*
*Titel der Originalausgabe: „Le livre des decouvertes et des inventions"*
*© 1983 Editions Gallimard*
*Umschlagillustration: Ekkehard Drechsel*
*Alle Rechte dieser Ausgabe vorbehalten durch*
*Ravensburger Buchverlag Otto Maier GmbH*
*Satz: Fotosatz Ruderer, Grünkraut*
*Printed in Italy by Soc. Editoriale Libraria*

*90 91 92 93 94 5 4 3 2 1*

*ISBN 3-473-38518-2*

# Die Welt der Erfindungen und Entdeckungen

Text und Illustrationen
von Jean-Louis Besson

Otto Maier Ravensburg

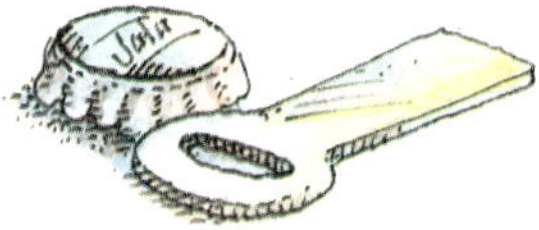

*Der Fortschritt*
*hat keene Lust, sich*
*zu kümmern um*
*mir. Und wat mir anjeht, habick*
*keene Lust, mir*
*um den Fortschritt*
*zu kümmern. Denn*
*unsereins*
*war ja*
*als Mensch*
*wohl zuerst da.*

*So, mein Kind, das*
*schreibste*
*in dein Schulheft*
*rein.*

Günter Bruno Fuchs

*Für Pascale*

Am 24. November 1974 fanden Wissenschaftler in Äthiopien die Gebeine eines etwa zwanzigjährigen jungen Mädchens, das sie Lucy nannten. Sie hatte vor drei Millionen Jahren dort gelebt.
Lucy war klein und von gebückter Haltung. Sie lebte vom Sammeln und der Jagd. Man nimmt an, daß sie bereits einfache Steinwerkzeuge verwendete.
Zwei Millionen Jahre später benutzte der Pithecanthrophus, ein früher Bewohner auf Java, einen Stock, um den Boden nach eßbaren Pflanzen und Kleintieren abzusuchen. Er schlief im Schutz einer Höhle und nutzte Buschbrände, damit ihm das Feuer nie ausging. So konnte er Raubtiere mühelos fernhalten.

**Das Feuer.** Der „Homo sapiens", unser Ururgroßvater, entdeckte schließlich vor etwa 80 000 Jahren, wie man Feuer macht: durch Reiben von zwei Holzstücken aneinander oder durch Gegeneinanderschlagen von Feuersteinen.

**Der Faustkeil.** Durch sorgsames, gleichmäßiges und beidseitiges Bearbeiten der Feuersteine stellte der Mensch spitze und scharfkantige, vielseitig verwendbare Werkzeuge her.

*Hörst du, wie die Flammen flüstern,*
*knicken, knacken, krachen, knistern,*
*wie das Feuer rauscht und saust,*
*brodelt, brutzelt, brennt und braust?*

James Krüss

*Vielleicht könnte man sogar ein Feuerchen entfachen und Angreifer mit Steinen bewerfen.*

Cesare Pavese

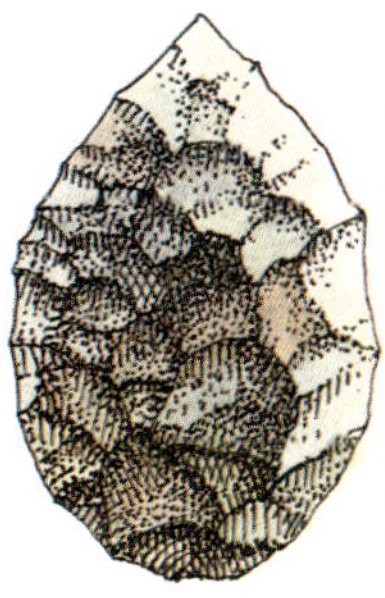

**– 40 000** **Der schwimmende Stamm** erleichterte den Baumtransport und den Weg von Dorf zu Dorf.

**Die Reisighütte** wurde mit Tierfellen bedeckt. Sie konnte leicht auf- und abgebaut und von einem Jagdgebiet zum anderen getragen werden.

*Besser ein alter Topf als ein neuer Scherben*

Sprichwort

**Die warme Suppe.** Fellsäcke verbrennen über dem Feuer. Deshalb warf die Köchin glühende Steine direkt in die Suppe.

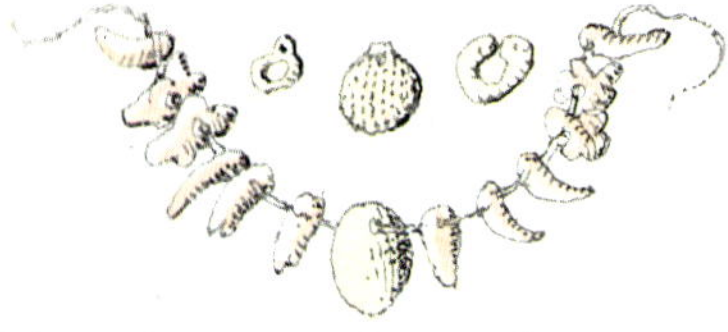

**Schmuck** aus Knochen und Steinchen.

**−30 000** **Die Höhlenmalerei.** Die Farben der Wandgemälde bestehen aus Erde und anderen natürlichen Farbstoffen. Vielleicht ist hier auch der Ursprung der Schrift zu suchen. Über den Beginn der Sprache ist dagegen nichts bekannt.

*Die Malerei ist eine stumme Poesie und die Poesie eine redende Malerei*

Simonides

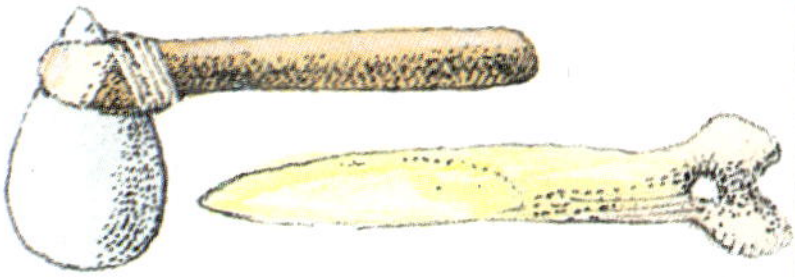

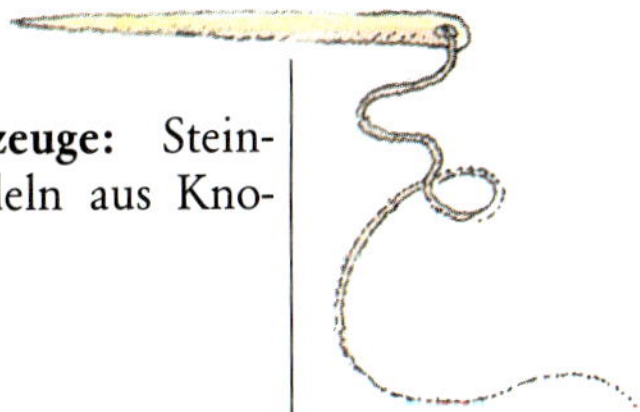

**−25 000** **Erste Werkzeuge:** Steinbeile, Knochenmesser, Nadeln aus Knochen oder Gräten.

*Der Hund ist der sechste Sinn des Menschen.*

Friedrich Hebbel

**−10 000** **Der Hund.** Dank seiner Intelligenz, seines Spürsinns, seines guten Gedächtnisses, aber auch seines Bedürfnisses nach Geselligkeit ist er seit zehntausend Jahren ein treuer Freund des Menschen, daheim wie auf der Jagd.

*Was stehenbleiben soll,
muß recht stehen und wo
nicht für die Ewigkeit
doch für geraume Zeit
genügen.*

Johann Wolfgang
von Goethe

**−7500** **Das Pfahldorf** schützte seine Bewohner vor Feinden, ob Menschen oder Tiere.

**−5000** **Der Schweine- und Schafzucht** folgte **die Rinderzucht.** Tausend Jahre später gehörten in Indien auch die Hühner zu den Haustieren.

**Die Weberei.** Anfangs webte man in Ägypten mit Wolle, zweitausend Jahre später mit Flachs, danach mit der aus Indien kommenden Baumwolle.

**Das Kanu** aus Schilfrohr wurde mit Häuten bespannt und anschließend mit Pech abgedichtet. In manchen Gegenden war man geschickt genug, wesentlich größere Boote aus Holz zu bauen. So soll die Arche Noah 157 Meter lang und 26 Meter breit gewesen sein.

**– 4000** **Die Töpferei.** Sie tauchte erstmals in China und entlang der Mittelmeerküste auf.

**– 3000** **Das Rad.** Es erschien in Ur, in Chaldäa (heute Teil des Irak), der Geburtsstadt Abrahams. Das Rad ist die erste große Erfindung des Menschen. Ob sie auf Naturbeobachtung zurückzuführen ist, kann man nicht mehr herausfinden. Vielleicht kam dem Erfinder die Idee beim Betrachten rollender Steine oder Kugeln.

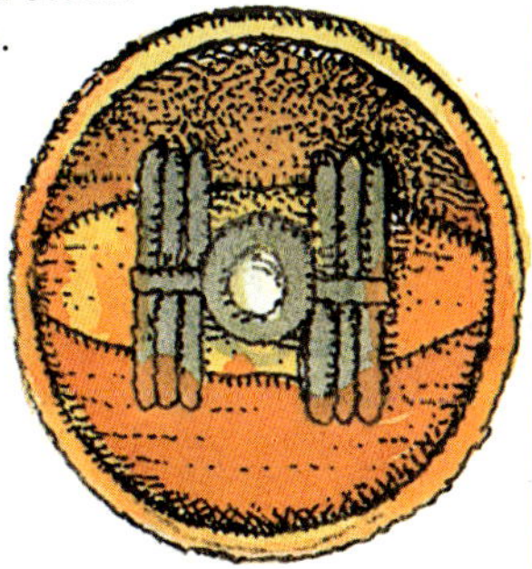

*Ich sitze am Straßenrand*
*Der Fahrer wechselt*
*das Rad.*
*Ich bin nicht gern,*
*wo ich herkomme.*
*Ich bin nicht gern,*
*wo ich hinfahre.*
*Warum sehe ich*
*den Radwechsel*
*Mit Ungeduld?*

Bertolt Brecht

*Die Zeit*
*eine schnarchende*
*Madame,*
*schläft noch*
*in einer Armbanduhr*
*und am Briefkasten*
*sitzt eine Weinberg-*
*schnecke*
*auf deinem Namen.*

Hartmut Merkt

**–3000** **Die Zeiteinteilung.** Die Sumerer (ein asiatisches Volk) teilten Tag und Nacht in je zwölf Abschnitte, insgesamt also in 24 Stunden ein.

**–2780** **Den 365-Tage-Kalender** führten die ägyptischen Priester ein.

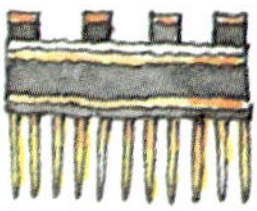

**–2500** **Goldschmuck, Metallspiegel,** Leinengewänder, Perücken, Gesellschaftsspiele, Möbel **(Tisch, Hocker, Bett)**, Toilettengegenstände **(Enthaarungspinzette, Kamm)** gehörten zum Alltagsleben der Ägypter.

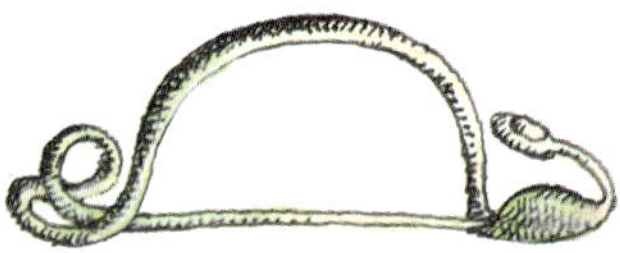

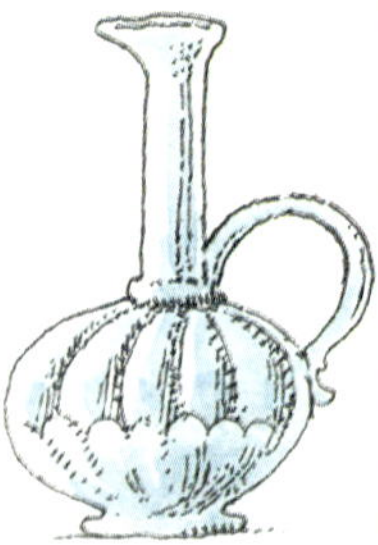

**Die Sicherheitsnadel.**

**Geblasenes Glas,** aus Ägypten.

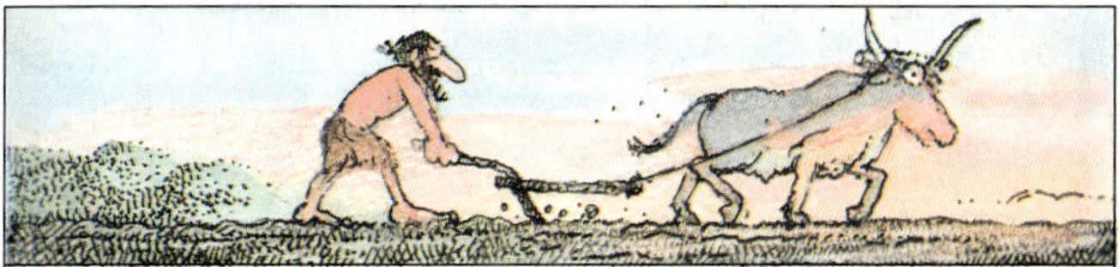

**−2500** **Der Pflug** wurde in allen Ländern entlang der Mittelmeerküste verwendet. Zweitausend Jahre zuvor kannte man ihn bereits in China und Persien.

*Samt Pflugschar und*
*Rossen*
*Selbst bodenentquollen,*
*Stampft er jetzt die*
*Schollen*
*Und zwingt in die Erde*
*Sein reißendes Erz.*

Ina Seidel

**Der Wagen** wurde angespannt und besaß Speichenräder.

*Herrlicher, glitzernder*
*Schnee*
*liegt, wohin ich seh.*
*Wir fahren Ski,*
*juchhe!*

*Uns gefällt*
*die verschneite Welt.*
*Aber, mein Lieber,*
*andere denken anders*
*darüber.*

Josef Guggenmos

**Skier und Schlittschuhe** besaßen die Schweden in Nordeuropa, um schneller vorwärts zu kommen.

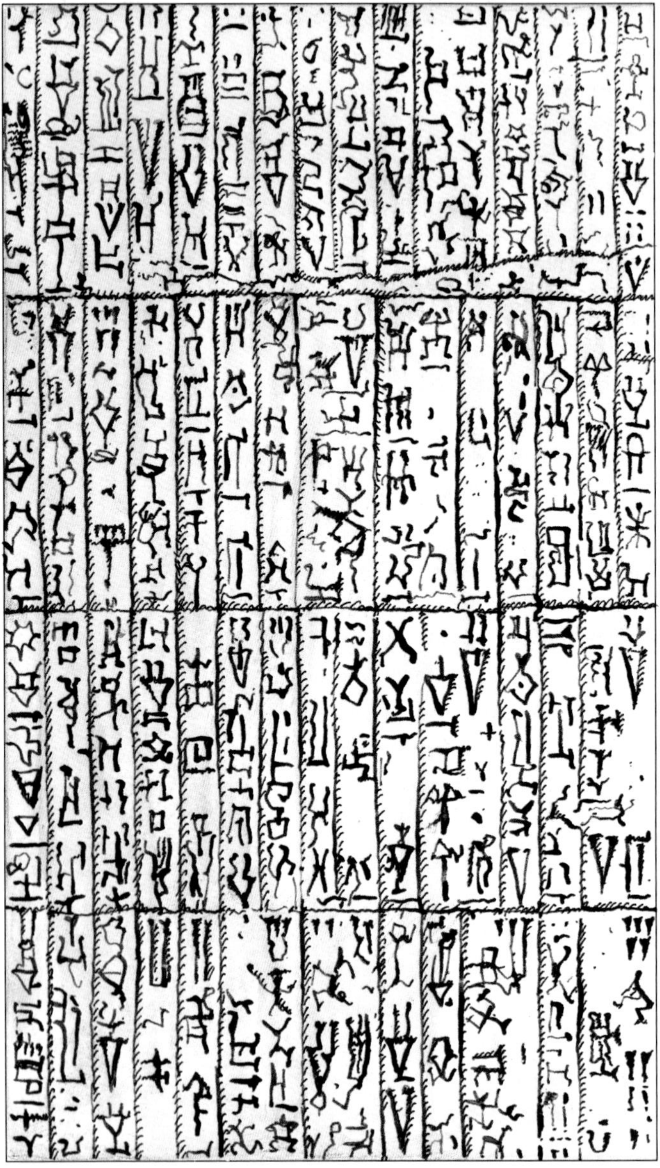

**Die Schrift** tauchte um 2 900 v. Chr. bei den Sumerern auf.
Diese keilförmigen (daher die Bezeichnung Keilschrift), mit Hilfe eines kleinen Werkzeugs eingravierten Zeichen dienten eher dazu, Rechnungen der Kaufleute zu notieren als zum Niederschreiben von Ereignissen.
Wenig später erfanden die Ägypter eine andere Schrift, die aus kleinen, symbolischen Zeichnungen bestand: den Hieroglyphen. Von diesem Zeitpunkt an benutzte man die Schrift, um alle Wissenschaften festzuhalten: die Medizin, die Mathematik, aber auch die Geschichte der Könige. Diese kann man heute auf den in den Pyramiden gefundenen Sarkophagen lesen. Da jedoch nicht jedermann schreiben konnte, machten einige einen Beruf daraus: die Schreiber.
Mit der Schrift entwickelte sich die Herstellung von Tinte, Pinseln und Papier oder, besser gesagt, Papyrus, gewonnen aus der Papyrusstaude am Nil. Man spaltete ihr Stengelmark in dünne Streifen.

*Gedachte Linien:*
*Flugschneisen.*

*Wörter als Leitton*
*in der Ohrmuschel.*

*Möglichkeiten,*
*die Häfen zu erreichen.*

*Man setzt sein Leben*
*aufs Spiel.*

Heinz Piontek

P
Pyr
Pyram
Pyramid
Pyramiden

P
Pyr
Pyram  P
Pyramid  Pyr
PyramidenPyram
PyramidenPyramid
PyramidenPyramiden

*Sie liegen irgendwo in den gewohnten Ecken und scheinen zu sinnen. Die Augen schimmern grün.*

*Man darf sie necken, sie lassen sich gewinnen. Und alsdann legen sie sich auf den Bauch und runden den Leib, versuchen mit Schnauze und Pfoten deine Hände zu greifen.*

René Schickele

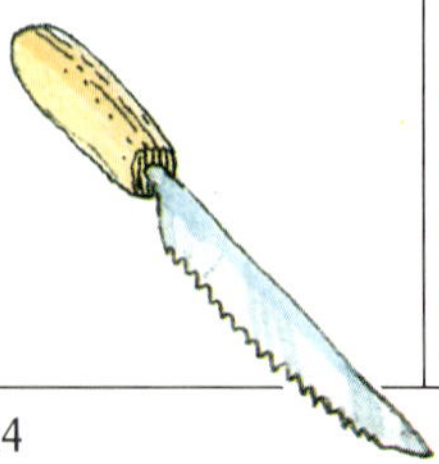

−2000 **Das Handelsschiff** aus Holz, mit quadratischem Segel; ein Ruder diente als Steuer. Mit solchen Schiffen unternahmen die Phönizier (die heutigen Libanesen) bedenkenlos mehrtägige Reisen auf hoher See.

−1500 **Die Katze** wurde von den Ägyptern als Haustier gehalten, sie verehrten sie und mumifizierten sie sogar nach ihrem Tod. Tausend Jahre später war sie auch bei den Römern bekannt, die bis dahin Hausmarder zur Mäusejagd benutzten. Im Mittelalter gehörten Katzen in jedes Haus, da nur sie der von den Kreuzfahrern ungewollt eingeschleppten Hausratten Herr wurden.

A B

−1050 **Das Alphabet** (Alpha und Beta sind die ersten Buchstaben des griechischen Alphabets). Von den Phöniziern erfunden, wiederentdeckt von den Griechen.

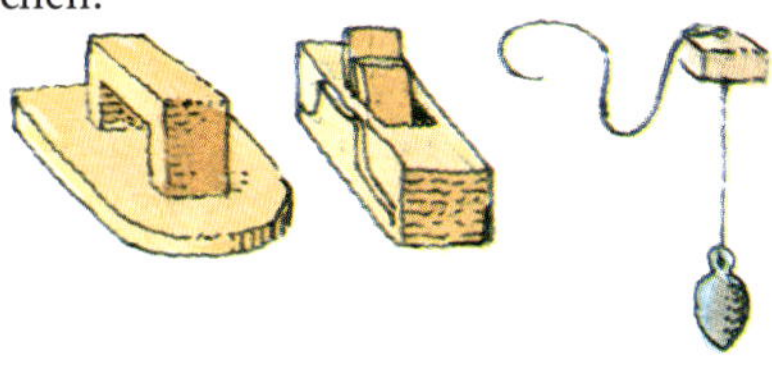

−800 **Säge, Maurerkelle, Hobel und Senkblei.**

**– 776** **Die Olympischen Spiele** waren Zeus gewidmet. Alle vier Jahre fanden sie in Olympia statt. Von 394 bis 1896 wurden sie nicht abgehalten. Die weibliche und männliche griechische Jugend begeisterte sich seit jeher für sportliche Wettkämpfe.

**– 667** **Die Münzen** als Zahlungsmittel wurden von Gyges, König von Lydien (heute Teil der Türkei) erfunden.

**– 600** **Die Elektrizität.** Der Mathematiker Thales, Verfasser zahlreicher Theoreme (Lehrsätze), bemerkte, daß geriebener Bernstein kleine Körper anzieht: Er fand also eine Kraft, die er Elektron nannte, nach dem griechischen Wort für Bernstein.

**– 500** **Dachziegel, Kleidung aus Tuch, gepflasterte Straßen und Öllampen** gehörten bei den Römern bereits zum täglichen Leben.

*So ist's: Es treibt ein schwer Geschick die Römer um. Des Brudermordes Greueltat...*

Horaz

**– 500** **Der Zirkus.** Die Römer liebten öffentliche Veranstaltungen, besonders solche, bei denen Gladiatoren gegeneinander oder gegen wilde Tiere antraten. Durch diese Kämpfe brauchte der Staat nicht allzulange für seine Kriegsgefangenen zu sorgen.

**– 400** **Das Atom.** Nach Demokrit, einem griechischen Philosophen, bestehen alle Lebewesen und Dinge aus gleichgearteten Teilchen: den Atomen.

**– 300** **Die Sonnenuhr.**

**Die Klepshydra** ist eine von den Griechen erfundene Wasseruhr, mit der beispielsweise die Sprechzeit eines Redners gemessen wurde.

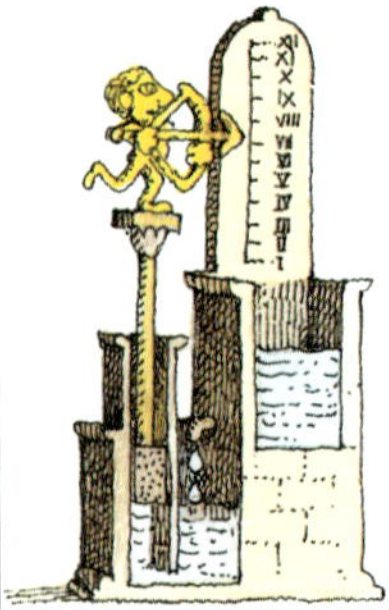

**Der Sattel,**
um Pferde bequem reiten zu können.

**– 300** **Der Aquädukt.** Die Römer, große Baumeister, unter anderem von Wasserleitungen, haben fließendes Wasser, Badeanstalten und ein Kanalisationssystem in den Städten eingeführt.

**Der römische Streitwagen** wurde von vier Pferden gezogen.

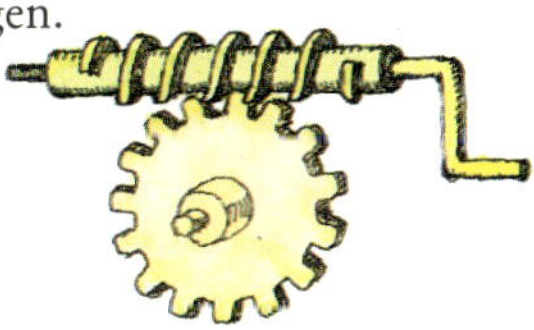

**– 260** **Den Parabolspiegel und die Förderschnecke** erfand Archimedes.

**– 250**
**Die Druckluftpumpe** von Ktesibios.

*Da wir heute nur an*
*Stellen, die seicht sind,*
*modeln und graben – –.*
*Leuchtturm, deine Arme*
*möchte ich haben*
*Und umarmen, was in*
*deine Kreise reicht.*

Joachim Ringelnatz

–260 **Der Leuchtturm** von Alexandria ist eines der Sieben Weltwunder. Er wurde aus weißem Marmor erbaut und durch Holzfeuer beleuchtet.

–120 **Fässer, Bier und lange Hosen** im römischen Gallien.

80 **Der Äolsball** wurde von Heron von Alexandria erfunden. Er ist ein Vorläufer der Dampfturbine. Damals gab es noch viele Sklaven als billige Arbeitskräfte. Erst viel später, mit der Abschaffung der Sklaverei, erkannte man den wahren Wert dieser Maschine.

**Kernseife, Truhen und Eingemachtes** in Europa. **Das Schachspiel** in Indien.

368 **Das Krankenhaus.** Eine christliche, von Mönchen geführte Einrichtung. Hier wurden Leprakranke isoliert und arme Leute gesund gepflegt.

**Schieferdächer und geflieste Fußböden** kennzeichneten den Hausbau in Europa.

500 **Das Dreiecksegel.**

800 **Die Schule** war eine Erfindung Karls des Großen.

*Nach einem Schulausflug wurde*
*ein Lied vergessen im Wald.*

*Nun singt es im Urtext*
*unter dem Beifall*
*der Förster:*
*Alle Vögel sind*
*Amsel, Drossel, Fink.*

F. C. Delius

**Das Pferdegeschirr.** Es lag auf den Schultern auf. So konnte ein einziges Pferd schwerere Lasten ziehen als die vier Pferde des römischen Streitwagens zusammen, deren Atmung durch den Brustharnisch behindert wurde.

900 **Hufeisen und Steigbügel,** das eine für das Pferd, der andere für den Reiter.

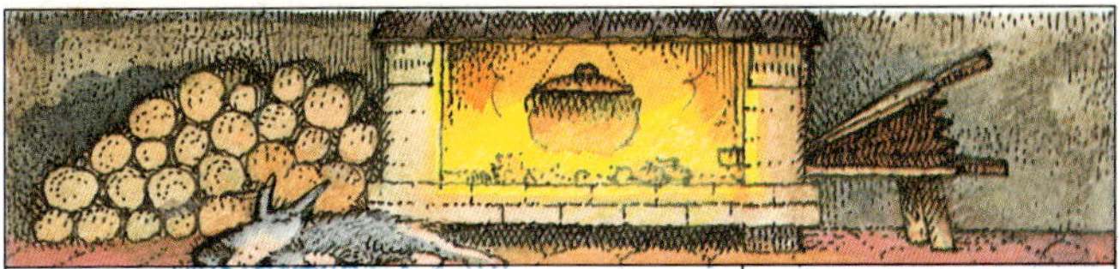

**Der offene Kamin.** Die meisten Häuser besaßen zu dieser Zeit bereits einen gemauerten Kamin, der die offene Feuerstelle und das Loch im Dach ersetzte.

**Wind- und Wassermühlen** waren in Persien und China schon seit langem bekannt. Um die Jahrtausendwende wurden sie von den Sarazenen, die Spanien eroberten, auch bei uns eingeführt. Nach und nach ersetzten die Mühlen die einzige bisher bekannte Antriebskraft: die Muskelkraft, die von Tieren, doch vor allem von Sklaven erbracht wurde.
Windmühlen wurden zum Mahlen des Korns, aber auch zum Trockenlegen der Sümpfe durch Abpumpen des Wassers eingesetzt.
Über mehr als siebenhundert Jahre hinweg wurden Fabriken mit Wassermühlen betrieben: Sägewerke, Schmieden, Gerbereien und Papiermühlen. Selbst Münzen konnten dank der Wasserkraft geprägt werden.

*Es steht ein goldnes Garbenfeld,*
*Das geht bis an den Rand der Welt.*
*Mahle, Mühle, mahle!*

Richard Dehmel

**Talglichter** aus Rinder- oder Hammeltalg rochen zwar etwas streng, waren jedoch weitaus billiger als Bienenwachskerzen.

*Brennt meine Kerze*
*wie eh*
*Im offenen Fenster sich*
*spiegelnd,*
*Trübt, mich schwärzlich*
*umflügelnd,*
*Nacht meiner Blätter*
*Schnee?*

Werner Zemp

**1100** **Die Kathedralen** wurden mit Hilfe von Schubkarren, Flaschenzug und Seilwinde gebaut. Durch bleiverglaste Kirchenfenster strömte das Licht.

**Unsere Notenschrift** wurde von dem Benediktinermönch Guido d'Arezzo erfunden und nach den Anfangsbuchstaben der Worte einer lateinischen Hymne benannt. *Ut* wurde später zu *do*. In den angelsächsischen Ländern zog man es vor, die Noten mit C, D, E, F, G, A und H zu bezeichnen, wobei das A dem *la* entspricht.

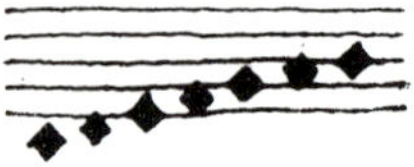

**UT** queant laxis
**RE**sonare fibris
**MI**ra gestorum
**FA**muli tuorum
**SO**lve polluti
**LA**bii rearum,
**S**ancte **I**ohannes

**1190** **Der Kompaß** kam nach Europa. Die Chinesen kannten ihn jedoch schon lange zuvor.

**Die Gänsefeder** als Schreibwerkzeug.

1 2 3 4 5 6 7 8 9 0

**1240** **Die arabischen Ziffern** traten an die Stelle der römischen.

**1250** **Das Bad** nahm man damals noch in einem Waschzuber, die Badewanne gab es noch nicht.

**1250** **Das Heckruder** war bedeutend bequemer zu handhaben als die bisher verwendeten zwei Ruder. Dennoch vergingen 200 Jahre, bis es sich durchgesetzt hatte.

**Sanduhren** gab es in jeder Größe: kleine zum Eierkochen und große, die eine Stunde liefen. Mit ihnen wurde die Dauer von Reden gemessen.

*Es rauscht wie Freiheit.*
*Es riecht wie Welt –*
*Naturgewordene*
*Planken*
*Sind Segelschiffe.*

Joachim Ringelnatz

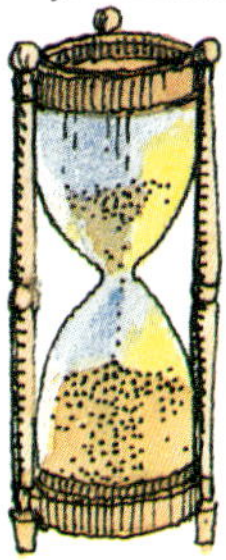

**1300** **Die Gabel.** Als sie Eduard I. von England überreicht wurde, dachte er zuerst, es handle sich um eine neuartige Waffe. Erst 250 Jahre später wurden Gabeln allgemein verwendet.

*So wandelt sie im ewig*
*gleichen Kreise,*
*Die Zeit, nach ihrer*
*alten Weise…*

Ludwig Tieck

**Die Schere.**

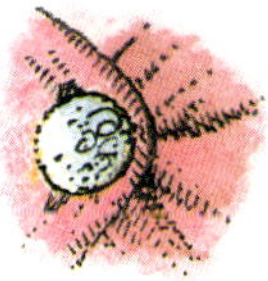

**Knöpfe** für die Kleidung.

**Räderuhren mit Gewichtsantrieb** kamen jetzt auf. Oft sah man sie als Turmuhren für Kirchen, seltener für Stadthäuser.

1350 **Der Drachen** kam zu uns. Bei den Chinesen wurden Drachen bereits seit dem 5. Jahrhundert v. Chr. gebaut.

1316 **Die Brille** für weitsichtige ältere Leute. Brillen für Kurzsichtige wurden erst im Jahr 1450 erfunden.

1320 **Die Spielkarten** kamen ebenfalls aus China.

*Geld hin – Geld her –*
*Geld her – Geld hin –*
*Verlust – Gewinn*
*Nach Kartengemisch.*
*Es wurde gebucht,*
*Gereizt und geflucht.*
*Man schlug auf den*
*Tisch.*
*Man witzelte seicht.*
*Hätte Pikdame statt*
*Karozehn*
*Den Buben genommen,*
*Dann wäre vielleicht*
*Alles anders gekommen.*

Joachim Ringelnatz

1346 **Kanonen** verhalfen den Engländern in der Schlacht von Crécy zum Sieg über die Franzosen. Diese Geschütze waren den Arabern und noch wesentlich früher den Chinesen wohlbekannt.

1396 **Die Schleuse** besaß zunächst ein senkrechtes Tor. Neunzig Jahre später entwarf Leonardo da Vinci eine Schleuse, wie sie heute üblich ist, mit seitlichen Toren.

*Er stellt sich vor sein Spiegelglas*
*Und arrangiert noch dies und das.*
*Er dreht hinaus des Bartes Spitzen,*
*Sieht zu, wie seine Ringe blitzen,*

1389 **Der Nachtstuhl** der französischen Königin Isabeau, einer bayerischen Prinzessin, war mit vier Ellen blauen Samtes verkleidet. Im Versailler Schloß gab es später 274 derartige Stühle.

1450 **Spiegel** aus Glas mit Zinnamalgamverspiegelung.

*Probiert auch mal, wie sich das macht,*
*Wenn er so herzgewinnend lacht…*

Wilhelm Busch

**Kutschen** mit Federung aus Lederriemen.

**Die Post.** Die erste durchgehende Postverbindung wurde um 1490 durch Franz von Taxis zwischen den Residenzen in Wien und Brüssel eingerichtet.

**Die Buchdruckerkunst** wurde angeblich von den Chinesen bereits um das Jahr 800 erfunden.
In Europa war es ein Holländer, Laurent Coster, dem der Gedanke kam, einzelne Buchstaben des Alphabets aus Holz zu schnitzen. Im Jahre 1423 druckte er ein achtseitiges Buch, das ein Alphabet und Gebete für den Sonntag zum Inhalt hatte. Es war jedoch nicht Coster, der berühmt wurde.
Wenige Jahre später verbesserte Johannes Gutenberg dieses Verfahren. Er goß bewegliche Bleilettern und erfand die Druckerpresse. 1455 vollendete er in Mainz den Druck seiner berühmt gewordenen 42zeiligen lateinischen *Gutenberg-Bibel.* Heute gibt es noch 47 Exemplare dieses Buches.

**Buchdrucker**
*Ich bin geschicket mit*
*der Preß,*
*Daß ich auftrag den*
*Firnis reß.*
*Bald der Postlierer-*
*Stangen zuckt,*
*Ist ein Bogen Papiers*
*gedruckt.*
*Dardurch kummt*
*manich Buch an Tag,*
*Das man leichtlich*
*bekummen mag.*
*Vor Zeitn hat man die*
*Bücher geschrieben;*
*Zu Mainz die Kunst*
*ward erstlich trieben.*

Hans Sachs

*Die spanischen Conquistadores waren auf der Suche nach Gold. Ihre Raubzüge führten sie vom Süden nach Norden…*

Thomas Page

12. Oktober 1492 **Christoph Kolumbus** erreichte unbekanntes Land: zuerst die Bahamas, kurz darauf die Antillen. Fünfzehn Jahre später irrte ein Geograph: Er schrieb diese Entdeckungen Amerigo Vespucci zu. So kam die Neue Welt zu ihrem auch heute noch gültigen Namen: Amerika.

1490 **Fayenceteller und Servietten.** Reiche Leute brauchten sich den Mund jetzt nicht mehr am Tischtuch abzuwischen.

1492 **Der Kakao.** Christoph Kolumbus entdeckte ihn gleichzeitig mit Amerika. Von seinen Reisen brachte er auch Ananasfrüchte, Tabak und Truthähne mit.

1550 **Die Kartoffel** wurde von den Spaniern aus Peru nach Europa gebracht. Die Hungersnöte des Dreißigjährigen Krieges trugen später zu ihrer Verbreitung bei.

**1543** **Die Erde ist rund** und dreht sich um die Sonne! Ungeheuerlich war diese Behauptung des Astronomen Kopernikus. Bisher hatte man geglaubt, die Erde sei eine Scheibe, um die sich die Sonne dreht...

**1554** **Die arithmetischen Zeichen.**

**Anatomie.** Michel Servet entdeckte den kleinen, William Harvey 1628 den großen Blutkreislauf.

**1570** **Die Zahnbürste** wurde dem französischen Hof durch den spanischen Botschafter vorgestellt.

**1592** **Das Thermometer.** Galilei verbesserte das Instrument, das von den Griechen her bekannt war.

**Die Schraube,** ein gewundener Kantnagel, der nicht wieder herausgeschraubt werden konnte. Der Schraubenzieher wurde erst hundert Jahre später erfunden.

**1608** **Das Fernrohr** von Lippershey. 1609 folgte Galilei und wies nach, daß Kopernikus sich nicht getäuscht hatte.

*Allen graust es, wenn ich gähne.*
*Ewig rein bleibt nur die Träne*
*Und das Wasser der Fontäne.*
*Kinder, putzt euch eure Zähne!!*

Joachim Ringelnatz

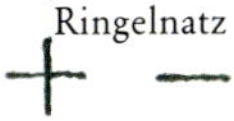

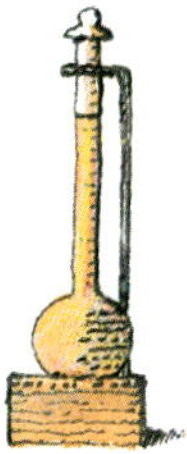

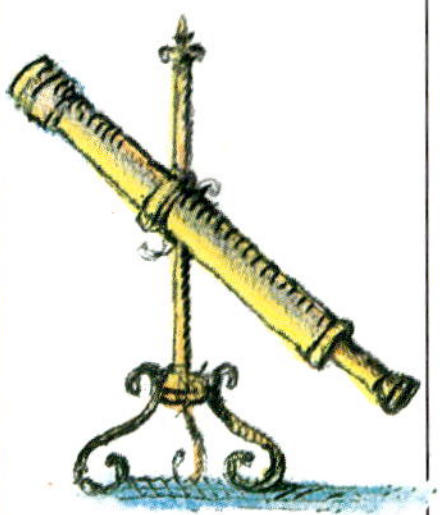

<u>Um 1560</u> **Der Glaser.** Der Fortschritt rief ständig neue Berufe ins Leben.

**Die Sänfte.**

**Den Fächer** konnte man zusammenklappen. Er bestand aus Spitzen oder Federn.

<u>1600</u> **Dié Nationalhymne** war eine Erfindung der Schweizer. *God save the Queen* (oder *King*) wurde 1740 komponiert, das spätere *Deutschlandlied* 1797.

<u>1607</u> **Die Notenschrift.** Monteverdi schrieb den *Orfeo* (die erste Oper) im Fünfliniensystem nieder.

<u>1590</u> **Das Mikroskop** wurde vermutlich in Holland von Z. Jansen erfunden.

**Das Jeu de paume** (franz.: Schlagballspiel). Beim Aufschlag rief man „tenez!“ (Achtung!), woraus „Tennis“ entstand.

1625 **Die öffentliche Kutsche** mit verglasten Türen konnte jeder gegen Bezahlung einiger Pennies benutzen. Das galt zumindest für London.

**Der Regenschirm** war zuerst in England bekannt.

**Das Tafelmesser** mit abgerundeter Spitze. Seine Verwendung wurde von Richelieu angeordnet. Er wollte wohl dem Meuchelmord während der Mahlzeiten vorbeugen.

1642 **Die Rechenmaschine** von Blaise Pascal, Mathematiker und Religionsphilosoph.

1644 **Das Barometer** von Torricelli. Damit konnte man das Wetter vorhersagen.

**Das Gänsespiel** kam aus Venedig.

1653 **Der Briefkasten** in Paris.

*Tropfend aufgelöst sind*
*Raum und Wände.*

*Tropfen, Tropfen*
*flüstern, seufzen, eilen,*
*Vom verhüllten Voll-*
*mond schauert Kühle.*

Ina Seidel

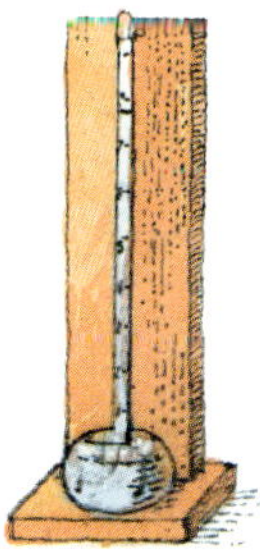

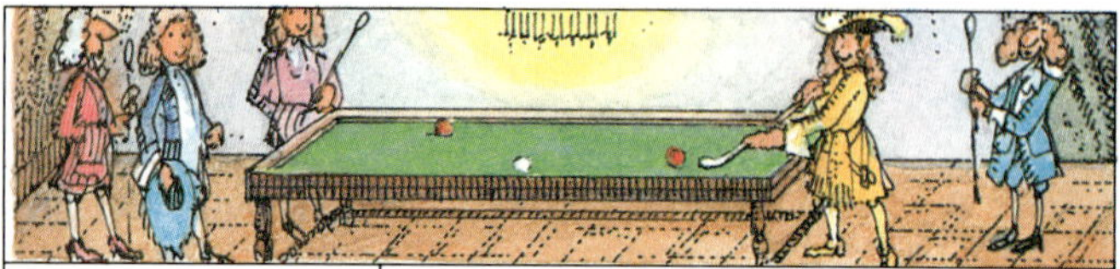

*Korf erfindet eine Uhr,*
*die mit zwei Paar*
*Zeigern kreist*
*und damit nach vorn*
*nicht nur,*
*sondern auch nach*
*rückwärts weist.*

*Denn auf dieser Uhr von*
*Korfen*
*mit dem janushaften*
*Lauf*
*(dazu ward sie so*
*entworfen):*
*hebt die Zeit sich selber*
*auf.*

Christian Morgenstern

1666 **Das Billardspiel** wurde im Diana-Salon des Schlosses von Versailles durch Ludwig XIV. eingeführt. Dies geschah auf Anraten seiner Ärzte: Es sollte seine Verdauung anregen.

1658 **Banknoten** wurden erstmals in Schweden von der Stockholmer Bank ausgegeben. Bis zum I. Weltkrieg bekam man für Banknoten ihren Gegenwert in Gold.

1668 **Den Champagner** verdanken wir Dom Pérignon, einem Benediktinermönch des Stifts Hautvillers bei Épernay (Champagne).

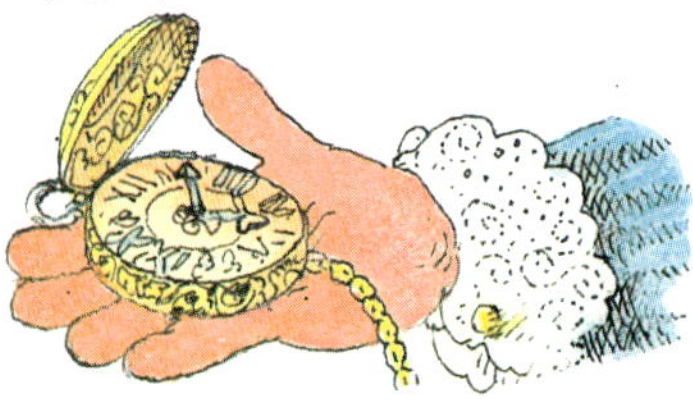

1675 **Die Federuhr** mit Unruh war eine Erfindung des Holländers Huyghens.

1680 **Der Dampfkochtopf.** Denis Papin sah in ihm ein Mittel, die Armen zu ernähren: Sogar zähes Fleisch wurde weich.

**1684** **Das Café.** Nach Mekka, Venedig und London wurde auch in Paris das erste Café eröffnet: in der Rue de l'Ancienne-Comédie, von François Procope, einem Sizilianer. Dort befindet es sich auch heute noch.

**Das Fruchtspeiseeis** wurde aus natürlichem Eis zubereitet, das im Keller zwischen Strohballen aufbewahrt wurde. Die Chinesen kannten das Rezept schon lange.

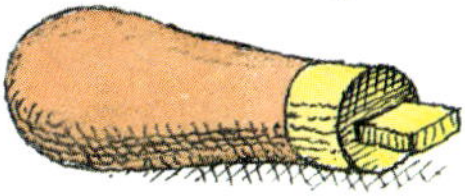

**Der Schraubenzieher.** Seit seiner Erfindung hatten die Schrauben einen geschlitzten Kopf.

**Tapeten** waren besonders in London groß in Mode. Sie wurden aus China importiert.

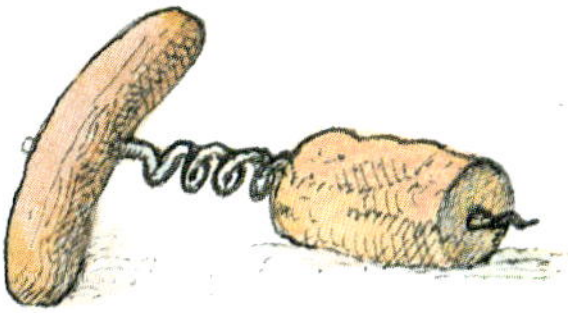

**Korkenzieher und Korken** traten an die Stelle des bis dahin verwendeten Siegellacks.

**1690** **Die Stradivari,** die berühmteste und edelste aller Geigen, wurde in Italien von Antonio Stradivari gebaut.

**Schienen und Waggons** erleichterten in den Gruben den Kohletransport.

**Die Dampfmaschine.** Bereits im Altertum nutzte Heron von Alexandria die Dampfkraft seines Äolsballs, dem Vorläufer der Dampfturbine. In Frankreich entwarf Denis Papin eine Versuchsdampfmaschine. Er machte dabei auch eine andere wichtige Erfindung: das Sicherheitsventil, mit dem sein Dampfkochtopf ausgerüstet war. Dieser wurde auch *Papinscher Topf* genannt.
In England baute Thomas Newcomen 1712 ebenfalls eine Dampfmaschine, die vielerorts eingesetzt wurde. Ihr Schwunghebel trieb eine Pumpe an, mit der das Wasser aus Kohlebergwerken abgepumpt werden konnte.
Ab 1765 verbesserte ein anderer Engländer, James Watt, die Arbeitsweise der Dampfmaschine wesentlich, beispielsweise mit der Einführung der Drehbewegung.
Zu Ende des Jahrhunderts waren in England bereits über achtzig Dampfmaschinen im Einsatz, die Walzwerke, Dampfhämmer, Web- und Dreschmaschinen sowie Getreidemühlen antrieben.

**Die Gußeisengewinnung.** Im Jahre 1707 wurde das Brennmaterial für Hochöfen von Holz auf Kohle umgestellt. Von da an konnte die Eisen- und Stahlindustrie alles Erdenkliche aus Metall fertigen, von Kochtöpfen bis hin zu Maschinenteilen.

*Düster, breit, kahl und eckig*
*Liegt im armen Vorort die Fabrik.*
*Zuckend schwillt, schrill und brutal*
*Aus den Toren Maschinen-Musik.*

Gerrit Engelke

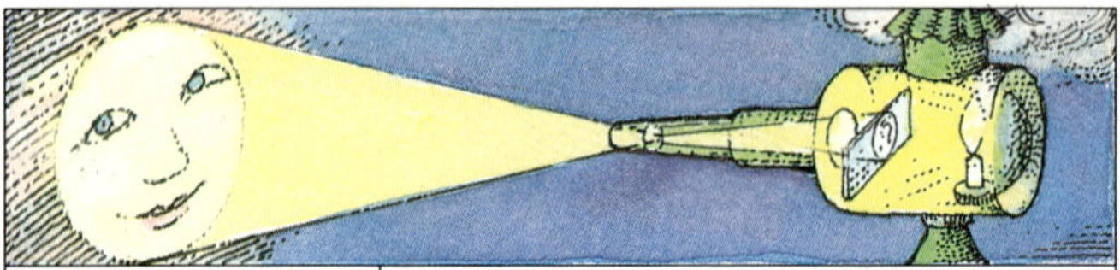

*Der Sänger auf*
*die Bühne trat,*
*Schlicht, ohne sich*
*zu rühmen.*
*Ein Hauch von Bier*
*und Fleischsalat*
*Verlor sich in*
*Parfümen.*

*Der Sänger sang*
*das hohe C.*
*Der Beifall wuchs*
*und tobte.*
*Die Dame in der*
*Loge B*
*Stand auf und*
*garderobte.*

Joachim Ringelnatz

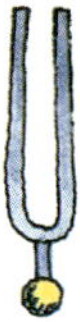

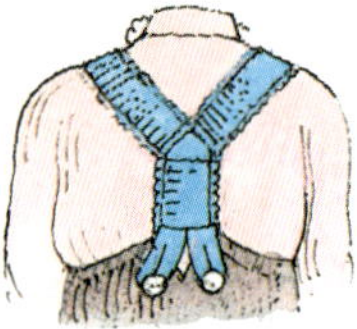

1707 **Die Laterna magica,** mit der Schausteller zur Freude des Publikums Vorführungen auf den Marktplätzen der Dörfer veranstalteten.

1711 **Die Stimmgabel.** Dieses kleine Instrument gibt den Musikern den Ton „a" an. Es wurde von John Shore, Trompetenbläser im Orchester von Händel, erfunden.

1728

**Die Enzyklopädie** Chambers' wurde sehr berühmt. In Enzyklopädien werden Wissen und Ideen der Zeit systematisch und umfassend dargestellt.

**Die Hosenträger.**

**Der Radiergummi.**

1728 **Das Kricketspiel.** Das erste Match wurde in England zwischen den Mannschaften von Kent und Surrey ausgetragen.

**1752** **Der Blitzableiter.** Benjamin Franklin erkannte, daß spitze Gegenstände aus Metall den Blitz anziehen. Er erfand außerdem einen Holzfeuerofen und entwarf den Schaukelstuhl, in dem man vor dem Kamin sitzen kann.

*Nächtiges Gewitterlicht,*
*schütte rings um*
*dieses Haus*
*deines Blendwerks*
*Fülle aus,*
*doch es selber*
*rühre nicht.*

Christian Morgenstern

**1755** **Der Küchenherd** wurde von Boudin in Beauvais, Frankreich, hergestellt.

**1759** **Das Schattenbild,** auch Silhouette genannt, nach Étienne de Silhouette, dem für seine Sparsamkeit bekannten Finanzminister Ludwigs XV.

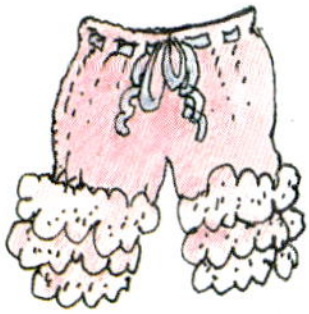

**1762** **Die Damenunterhose.** Schauspielerinnen und Tänzerinnen müssen sie auf einen Erlaß Ludwigs XV. hin tragen.

**1767** **Die Jenny-Spinnmaschine** arbeitete schneller als die bisherigen Spinnräder.

*Die Eier im Glas*
*probier mal die Eier!*
*Ich hab sie zur Feier*
*des Tages aus Spaß*
*gekocht mit Muskat...*

Wolf Biermann

1765 **Das Restaurant.** Diese Bezeichnung stammt von einem Bouillonverkäufer aus Paris, der seinen Suppen den Namen „restaurants" gab.

1762 **Das Sandwich.** John Montagu, 4. Earl of Sandwich, war ein so begeisterter Spieler, daß er nicht einmal die Zeit fand, sich zum Abendessen an den Tisch zu setzen.

1769 **Der Straßendampfwagen** von Cugnot. Das erste Fahrzeug mit Vorderradantrieb.

1770 **Die Badewanne** aus Blech; häufig eine Sitzbadewanne, wie die, in der der unglückselige Marat ermordet wurde.

*Es muß wieder mal sein.*
*Also: Ich steige hinein*
*In zirka zwei Kubikmeter See.*
*Bis übern Bauch tut es weh.*
*Das Hähnchen plätschert in schamlosem Ton,*
*Ich atme und schnupfe den Fichtenozon,*
*Beobachte, wie die Strömung läuft...*

Joachim Ringelnatz

**1779** **Die erste Eisenbrücke** der Welt baute der Engländer Abraham Darby über den Fluß Severn.

**1778** **Das Wasserklosett,** von Joseph Bramah in England patentiert, wurde in London aber erst nach der Einführung des Kanalisationssystems im Jahre 1860 zu einer allgemein üblichen Einrichtung.

**Kugellager** aus Holz wurden beim Bau der Windmühlengetriebe verwendet.

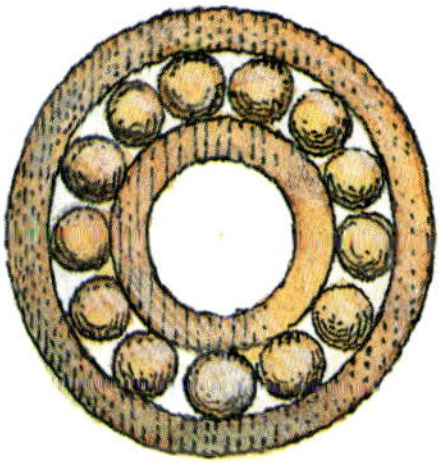

**1772** **Die unsichtbare Tinte** aus Milch und Zitronensaft stammte aus England. Diplomaten oder Liebespaare nutzten sie für ihre geheimen Briefwechsel.

**1780** **Das Derby-Rennen** bei Epsom wurde nach dem Grafen Derby benannt. Er legte die Regeln fest: Dreijährige Pferde sollten eineinhalb Meilen laufen.

*Sie bogen in die Zielgerade ein. Die Jockeys ließen die Peitschen knallen. Die Menge gebärdete sich wie toll…*

Mary O'Hara

*Und auf einmal welch*
*Gewühle*
*Bei der Brücke, nach*
*dem Feld!*
*Horch! das Feuer-*
*glöcklein gellt:*
*Hinterm Berg,*
*Hinterm Berg*
*Brennt es in der Mühle!*

Eduard Mörike

1782 **Die Feuerversicherung.** Étienne Delessert gründete die erste Versicherungsgesellschaft in Frankreich. Die Engländer konnten sich bereits seit dem Großbrand von 1666 in London versichern.

1783 **Die Montgolfière** und ihre ersten Passagiere: ein Hahn, ein Schaf und eine Ente.

1785 **Der erste Unfall der Luftschifffahrt.** Bei dem Versuch, den Ärmelkanal zu überqueren, verbrannte J.-F. Pilâtre de Rozier mit seinem Fluggerät.

1. Januar 1788 **Die „Times"** wurde in London gegründet. Sie ist noch heute eine der angesehensten und bekanntesten Tageszeitungen der Welt.

**1786** **Die Besteigung des Montblanc** durch zwei Einwohner von Chamonix. Die erste Frau bestieg den Montblanc im Jahre 1808.

**1788** **Der Taucher.** Sich unter Wasser fortzubewegen, war ein langgehegter Traum.

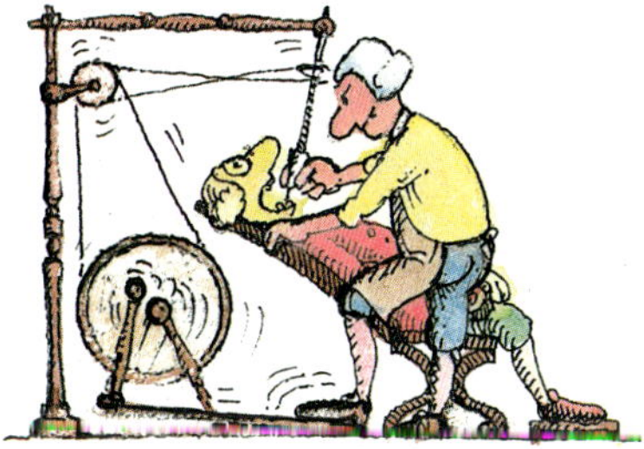

**Der Zahnbohrer.** Der Amerikaner John Greenwood erfand dieses gefürchtete Gerät, indem er das Spinnrad seiner Mutter umbaute.

**1790** **Der Camembert** aus der Normandie. Erst hundert Jahre später wurde er in runden Holzschachteln verkauft.

**Das künstliche Gebiß** wurde aus Elfenbein – ab 1808 aus Keramik – angefertigt. Selbst George Washington, der erste Präsident der USA, trug eine solche Prothese.

*Aufwogt Gebirg.*
*Aus hoher Gipfelzacke*
*Strömt weißer Brand*
*Und saugt in großen*
*Zügen*
*Den Dunst nach oben …*

Hans Carossa

*Lieber Gott mit*
*Christussohn,*
*Ach schenk mir doch ein*
*Grammophon …*

*Verzeih mir, daß ich*
*gähne.*
*Beschütze mich in aller*
*Not,*
*Mach meine Eltern noch*
*nicht tot*
*Und schenk der Oma*
*Zähne.*

Joachim Ringelnatz

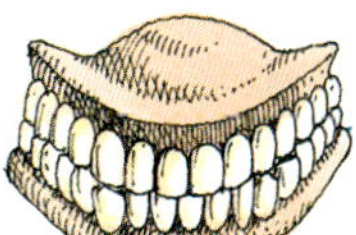

**1790** **Das Laufrad** des Grafen de Sivrac besaß weder Pedale noch Lenkung. Immerhin hatte es schon zwei gleich große Räder, wie das Fahrrad, dessen Vorläufer es ist.

*Du rauchst... Die feinen*
*Gazewölkchen*
*umschleiern dich und*
*spinnen ein...*
*Der Traumgedanken*
*lustig Völkchen*
*tanzt sich im Rausch ein*
*Ringelreihn.*

Kurt Tucholsky

**1792** **Die Zentralheizung** der Bank von England in London. In Paris war das „*Institut*“ im Jahre 1833 das erste zentral beheizte Gebäude.

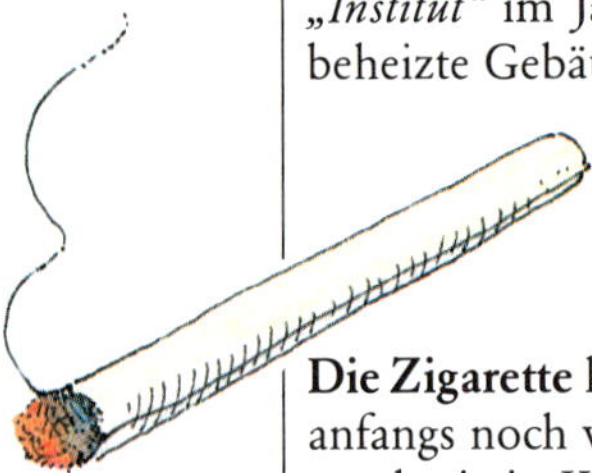

**Die Zigarette** kam aus Spanien und wurde anfangs noch von Hand gedreht. Ab 1853 wurde sie in Kuba maschinell hergestellt.

**7. April 1795** **Das Dezimalsystem** wurde von fast allen Ländern übernommen. Die einzigen Ausnahmen bildeten Großbritannien, Irland, Kanada und die USA.

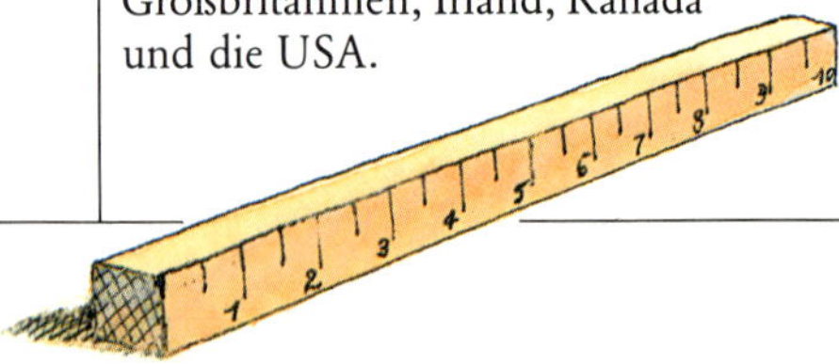

**1794 Der optische Flügeltelegraph** von C. Chappe übermittelte Nachrichten von Turmplattformen aus durch bewegliche Metallarme. Bei schönem Wetter brauchte eine Nachricht für die tausend Kilometer zwischen Toulon und Paris nur zwanzig Minuten.

**1795 Der Bleistift** von Conté ersetzte in Frankreich den Graphitstift, der bisher aus England importiert worden war.

**1797 Der Fallschirm.** Der siebenundzwanzigjährige André-Jacques Garnerin wagte den Sprung aus einer Montgolfière über dem Park Monceau in Paris aus rund 1000 m Höhe.

**1796 Die Pockenimpfung** wurde durch den englischen Landarzt Edward Jenner möglich.

**1799 Das Leuchtgas,** eine Erfindung Philippe Lebons.

*Wie sie den Fallschirm*
*mir zeigt und erklärt,*
*Kann ich nur halb*
*zuhörn und zusehen.*

*„Gott soll Sie erhalten*
*Und Ihren seidenen*
*Schirm entfalten.*
*Ich schösse mich tot,*
*wenn ich jemals*
*erführe – –"*

Joachim Ringelnatz

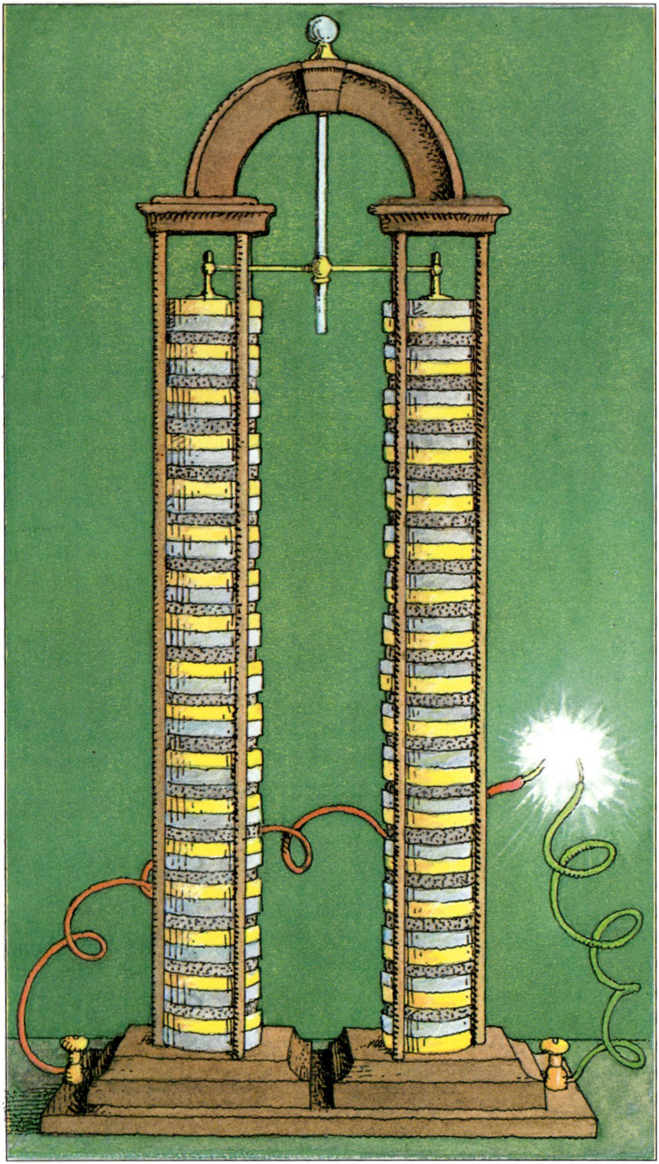

**Der Rechtsverkehr:** rechts fahren, links überholen. 1807 schrieb Napoleon diese Fahrweise in Europa vor.
Warum? Vielleicht, um das Gegenteil der Engländer zu machen, die seit langem auf der linken Straßenseite fuhren. Das schien ihnen wohl angenehmer. Vielleicht, um bei gefährlichen Begegnungen den Degen zu ziehen oder andernfalls zu grüßen.

**Die elektrische Batterie.** Elektrizität kannte man schon im Altertum. Sie konnte jedoch nur durch Reiben von Bernstein oder Schwefel erzeugt werden. Dabei entstanden aber höchstens einige Funken.
Im Jahre 1800 stellte ein italienischer Physiker, Graf Alessandro Volta, fest, daß Elektrizität durch Kontakt von zwei Metallen erzeugt werden kann (siehe linke Seite): Abwechselnd schichtete er Zink- und Kupferscheiben aufeinander. Je zwei Metallscheiben waren von dem nächsten Paar durch feuchten Filz getrennt, denn Nasse leitet besser. Ein Draht verband den linken mit dem rechten Stapel. So floß zwischen den Polen „Strom", der erstmals genutzt werden konnte.

**Der Code civil** oder *Code Napoléon*, das französische Zivilgesetzbuch, trat ebenfalls unter Napoléon in Kraft. Es regelte das menschliche Zusammenleben. In Baden galt der Code civil bis 1899 als *Badisches Landrecht.*

*Ich glaube, wenn auch nur ein Mensch sein Leben ganz von Grund auf auslebte, jedem Gefühl Form, jedem Gedanken Ausdruck, jedem Traum Wirklichkeit verliehe – es würde ein neuer Strom der Freude durch die Welt fließen ...*

Oscar Wilde

*Das Schiffchen fliegt,*
*der Webstuhl kracht,*
*wir weben emsig*
*Tag und Nacht –*
*Altdeutschland, wir*
*weben dein Leichen-*
*tuch, wir weben hinein*
*den dreifachen Fluch,*
*wir weben, wir weben!*

Heinrich Heine

*Ein Bahnhof am andern,*
*Straßen vorzüglich . . .*
*Ewig zu wandern,*
*Wär hier vergnüglich.*

Paul Verlaine

1805 **Die Hausnummern** in Paris. In den parallel zur Seine verlaufenden Straßen stiegen die Nummern flußabwärts an. Die Hausnummern der Querstraßen nahmen in Richtung der Vorstädte mit der Entfernung vom Fluß zu.

1801 **Der Webstuhl** von J. Jacquard webte Stoff- und Teppichmuster maschinell.

1807 **Das Dampfschiff.** Der amerikanische Ingenieur Robert Fulton baute das erste brauchbare Dampfschiff, die *Clermont.*

1804 **Die Lokomotive** des Engländers Richard Trevithick übernahm in den Kohlebergwerken die Aufgabe der Pferde, die bisher die Loren gezogen hatten.

**1816** **Die Überquerung des Ärmelkanals** mit dem Dampfschiff *Élise.* Drei Jahre später fuhr der erste Ozeandampfer, die *Savannah,* nach Amerika. Sie setzte allerdings zusätzlich auch noch Segel ein.

**1819** **Das Stethoskop,** ein Hörrohr zum Abhorchen der Patienten (Auskultation) wurde von Laënnec entdeckt.

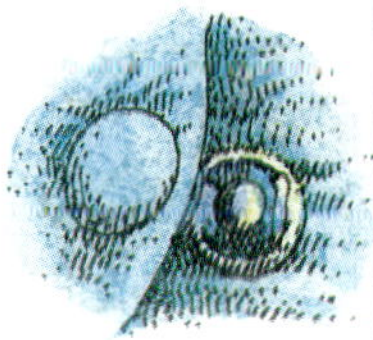

**1807** **Der Druckknopf** war eine Erfindung des Dänen Bertel Sanders.

**1817** **Die Draisine** des Freiherrn von Drais. Im Gegensatz zu dem früheren Laufrad besaß sein hölzernes Zweirad zwar eine Lenkstange, aber immer noch keine Pedale.

*Aufm Rad das erste*
*Mal zwölf Stunden*
*Und die Straßen schöne*
*lange Straßen.*

Sarah Kirsch

**1815** **Die Makadamdecke** wurde nach ihrem Erfinder, dem schottischen Straßenbauer McAdam, benannt. Es handelte sich um eine besonders stabile Schotterstraße.

**1818** **Die erste Bluttransfusion** von Mensch zu Mensch führte James Blundel im Londoner Guy's Hospital durch. Hundertfünfzig Jahre früher waren bereits wenig überzeugende Versuche mit Tierblut durchgeführt worden.

*Unserm Klavier*
*gefiel's nicht mehr hier.*
*Es sprach mit Gebrumm:*
*Was steh ich hier rum?*
*Ich will was erleben!*
*Klung-kling-klang-*
*klung-klung!*

Josef Guggenmos

**1823** **Der Flügel** von Erard in Paris.

**1824** **Der Regenmantel.** Die Azteken wußten schon lange, daß Kautschuk wasserundurchlässig ist. Den ersten Regenmantel stellte jedoch ein Brite her: Charles McIntosh.

**1824** **Der Tierschutzverein** wurde in London gegründet. Dort war es schon seit zwei Jahren verboten, Hunde zu schlagen. Tat man es trotzdem, so drohte eine Geldstrafe.

**1829** **Das Zündholz** wurde von dem Engländer J. Walker erfunden.

**1826** **Die Konservendose.** Auch sie kam aus England und war nicht so zerbrechlich wie die bisherigen Glaskonserven. Da es noch keine Dosenöffner gab, mußten die Konserven damals mit Stecheisen und Hammer geöffnet werden.

**Die Photographie.** Joseph Nicéphore Niepce gelang es, in der Dunkelkammer ein Bild zu fixieren. Dieser Vorgang dauerte aber volle acht Stunden! 1839 konnte Jacques Daguerre dieses Verfahren auf eine halbe Stunde verkürzen. Fox-Talbot stellte in England ein „Negativ" her, von dem er beliebig viele „Positive" abziehen konnte.

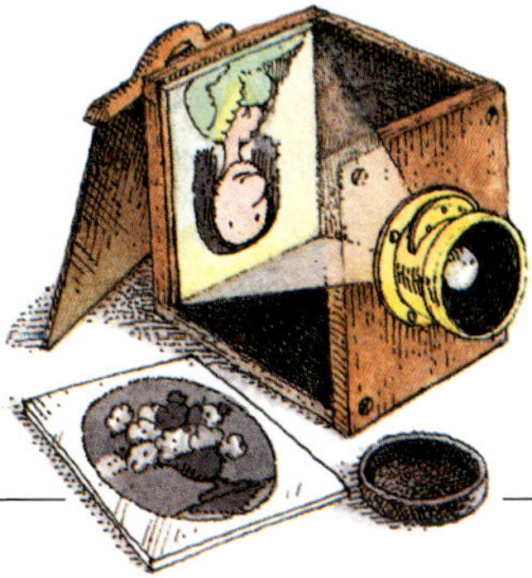

*A schöner Sport ists Photographieren ja nicht – außer de Momentaufnahmen und zu Momentaufnahmen bin ich z'langweilig.*

Karl Valentin

**Seebäder** kamen im Sommer 1822 durch die Herzogin von Berry, die Schwiegertochter des französischen Königs Karl X., in Mode. Die Dampf-Eisenbahn machte es den ersten Reisenden möglich, die Strände zu entdecken.

**Die Eisenbahn.** Schienen und Waggons wurden in den Gruben bereits für den Kohleabbau eingesetzt. Seit 1804 wurden die Loren auch schon von Dampflokomotiven gezogen. Von da bis zur Entstehung der Eisenbahn war es nicht mehr weit: Am 27. September 1825 fuhr in England die erste Dampf-Eisenbahn die 50 Kilometer lange Strecke Stockton–Darlington.
Fünf Jahre später wurde die erste große Eisenbahnstrecke für den Personenverkehr eingeweiht. Sie führte von Liverpool nach Manchester und besaß sogar einen Tunnel von zwei Kilometer Länge. Die Spurweite von 1,435 m wurde von allen Ländern übernommen, mit Ausnahme von Spanien und Rußland. Die erste Dampf-Eisenbahn Deutschlands befuhr am 7. 12. 1835 die Strecke Nürnberg–Fürth.
Der Eisenbahnbau brachte vielen Menschen Arbeit: Man benötigte Bahndämme, Tunnels, Talbrücken, Bahnhöfe, Lagerhäuser und Werkstätten aller Art.

**Die Metallfeder** als Schreibwerkzeug. Sie wurde in Sheffield in England hergestellt und verdrängte bald die bis dahin gebräuchliche Gänsefeder.

*Ruhig gleiten und kreisen auf endloser Schiene*
*Die treibenden Räder hinaus auf dem blänkernden Band,*
*Gemessen und massig die kraftangefüllte Maschine,*
*Der schleppende, stampfende Rumpf hinterher –*
*Dahinter – ein dunkler – verschwimmender Punkt –*
*Darüber – zerflatternder – Qualm –*

Gerrit Engelke

*Wenn du ihm jetzt schriebst,*
*Ihm, den du nicht wiedersiehst –*

*Spute dich, ehe das Postamt schließt.*

Joachim Ringelnatz

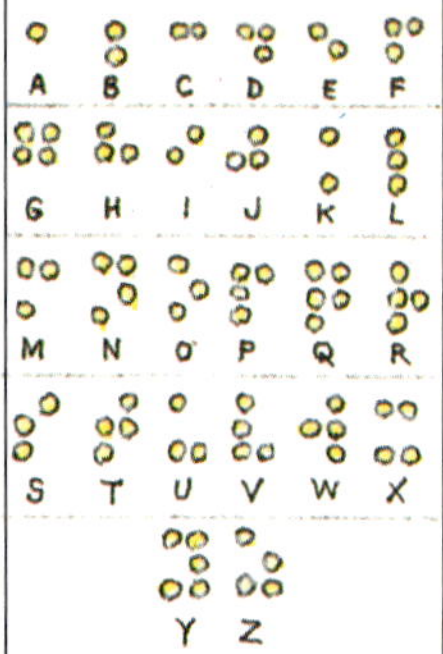


**1818** **Die Sparkasse.** In Preußen folgte die *Städtische Sparkasse Berlin* der bereits 1778 in Hamburg gegründeten *Ersparungs-Casse,* die als die erste Sparkasse Deutschlands gilt.

**1829** **Die Blinden- oder Brailleschrift.** Der seit seinem dritten Lebensjahr blinde Louis Braille erfand in Frankreich dieses berühmte Alphabet, das 1932 weltweit übernommen wurde.

**1830** **Die Nähmaschine** von Barthélemy Thimonnier konnte bereits 200 Kettenstiche in der Minute machen. Sie wurde später u. a. von Elias Howe und Isaac Singer verbessert und eroberte den amerikanischen Markt im Handumdrehen.

**1834** **Die Mähmaschine** aus Amerika. Cyrus McCormick baute sie, um das mühevolle Ernten des Korns zu erleichtern. Durch größere Anbauflächen konnten mehr Menschen versorgt werden.

**1838** **Die Schiffsschraube** von Francis Pettit Smith. Die *Archimedes* lief damit ausgerüstet vom Stapel. Bei einem Rennen 1845 zwischen einem Rad- und einem Schraubendampfer gewann letzterer.

**Das Pokerspiel** war während der Eroberung des Westens sehr beliebt.

**1836** **Der Revolver** wurde von dem Amerikaner Samuel Colt erfunden.

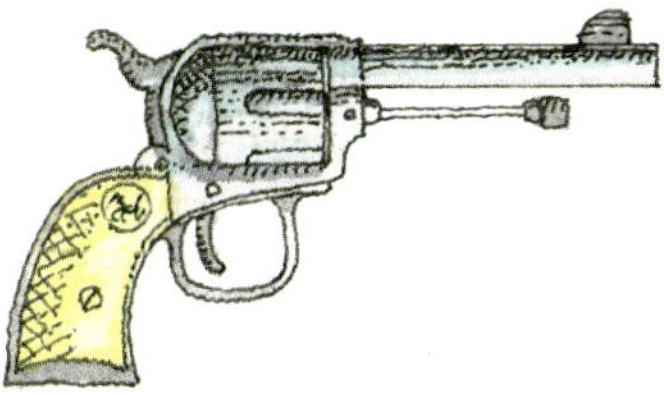

**1839** **Die mietbare Plakatwand** kam aus England. Dem wahllosen Aufkleben von Plakaten wurde damit ein Ende gesetzt.

**Der Rasenmäher** kam aus England und wurde von Pferden gezogen. Um Hufspuren auf dem Rasen zu

vermeiden, trugen die Pferde Gummistiefel.

*Jesse James hat manchen erschossen.*
*Er hat den Glendale-Zug ausgeraubt.*
*Er hat die Reichen geplündert und die Armen beschenkt.*
*Er war ein Mann mit Hirn und Herz und Hand.*

„Das Cowboyliederbuch"

| | | | |
|---|---|---|---|
| A | •— | N | —• |
| B | —••• | Ó | ——— |
| C | —•—• | P | •——• |
| D | —•• | Q | ——•— |
| E | • | R | •—• |
| F | ••—• | S | ••• |
| G | ——• | T | — |
| H | •••• | U | ••— |
| I | •• | V | •••— |
| J | •——— | W | •—— |
| K | —•— | X | —••— |
| L | •—•• | Y | —•—— |
| M | —— | Z | ——•• |

*Ich kenne einen, der*
*rauft*
*mit jedem um die Wette.*
*Aber die blaue*
*Mauritius,*
*wenn er die hätte,*
*die faßte er an*
*nur mit der Pinzette.*

Josef Guggenmos

5. Juli 1841 **Erster Reiseveranstalter** war Thomas Cook. Er organisierte die Reise der fünfhundert Mitglieder eines Vereins gegen Alkohol.

1840 **Briefmarken** wurden erstmals von der britischen Postverwaltung herausgegeben. 1854 wurden sie mit kleinen Löchern versehen, damit man sie leichter voneinander trennen konnte.

24. Mai 1844

**Der Morseapparat,** der erste brauchbare Schreibtelegraph, wurde von Samuel Morse, einem amerikanischen Künstler, entwickelt. Weil er seinen Lebensunterhalt nicht durch Bildermalen sichern konnte, machte er Erfindungen. Er erfand auch das Morsealphabet, bei dem die Buchstaben in Punkte und Striche umgesetzt werden.

1846 **Die Narkose.** In Boston erfand der Arzt William Morton die Äthernarkose. Dreißig Jahre später entdeckte der damals 28jährige Nervenarzt Sigmund Freud die Lokalanästhesie (örtliche Betäubung).

**1844** **Eisenbahnsignale.** W. F. Cooke teilte die Bahnlinie in Abschnitte ein, um Zusammenstößen vorzubeugen. Jeder Abschnitt wurde durch ein Signal überwacht. Fünfzig Jahre später lösten die vorüberfahrenden Züge diese Signale bereits automatisch aus.

**1849** **Die Sicherheitsnadel** war schon im Altertum bekannt. Walter Hunt entwickelte sie in drei Stunden neu, um fünfzehn Dollar zurückzahlen zu können, die er jemandem schuldete.

**1851** **Die Trommelwaschmaschine** baute der Amerikaner James T. King.

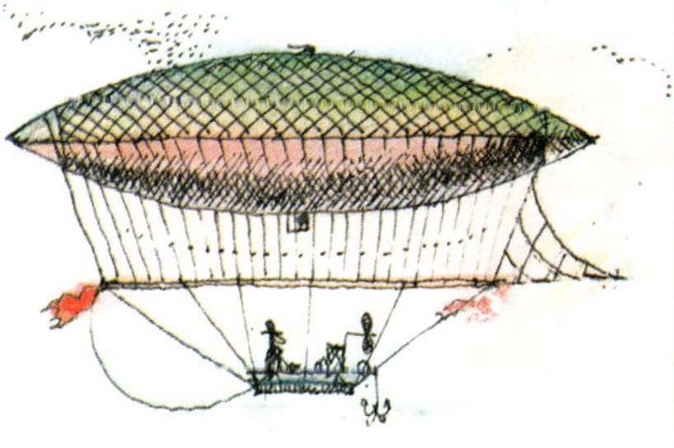

**1852** **Das Luftschiff.** Es war dampfgetrieben und lenkbar. Sein Erbauer, Henri Giffard, flog mit ihm von Paris nach Trappes.

**1852** **Die Petroleumlampe.**

**1856** **Der „General".** Diese berühmte, mit Holzfeuer betriebene Lokomotive hatte einen trichterförmigen Schornstein, der als Funkenfänger wirkte. Die Lokomotivführer mußten jederzeit mit Überfällen oder dem Auftauchen von Büffelherden rechnen.

**1853** **Der Aufzug** mit dem Sicherheitssystem von Elisha Otis ist auch gegen ein Reißen des Tragkabels abgesichert.

**Der Gaskocher.** Lebons Erfindung wurde bald in vielen Haushalten benutzt.

**1856** **Die Anilinfarben** und andere synthetische (chemische) Farbstoffe.

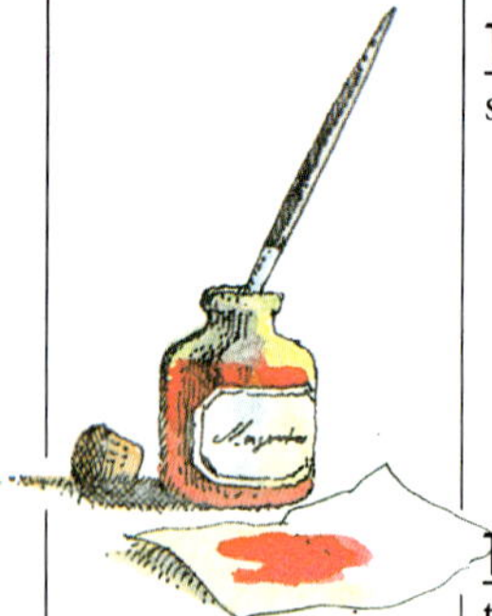

**1859** **Der Bohrturm.** Den ersten errichtete Oberst Drake in Titusville, Pennsylvania. Er stieß in 21 Meter Tiefe auf Erdöl.

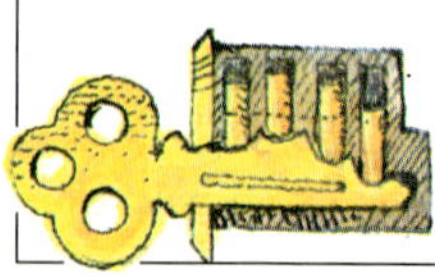

**1848** **Das Schnappschloß** von Yale. Ein preußisches Schnappschloß gab es bereits seit 1805.

**1857** **Der Schlafwagen** von Pullman besaß Waschräume und war mit Schraubenfederung ausgerüstet. Innen war er mit kostbaren Edelhölzern und Tapeten ausgekleidet. Zwölf Jahre später baute Pullman den ersten Speisewagen.

*„Schlafwagen". Schön klingt dieses Wort. Schlafen und dennoch vorwärts sausen.*

Joachim Ringelnatz

**1860** **Das Pasteurisieren.** Louis Pasteur erfand dieses Verfahren, mit dem man unter anderem Milch keimfrei und damit haltbarer machen konnte.

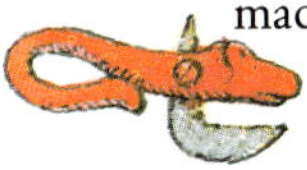

**Den Dosenöffner** erfanden vermutlich die Soldaten im amerikanischen Bürgerkrieg.

**1862** **Schlittschuhe** und eine Kunsteisbahn im Central Park, New York. Die Friesen im alten Holland kannten das Schlittschuhlaufen auf zugefrorenen Seen schon lange.

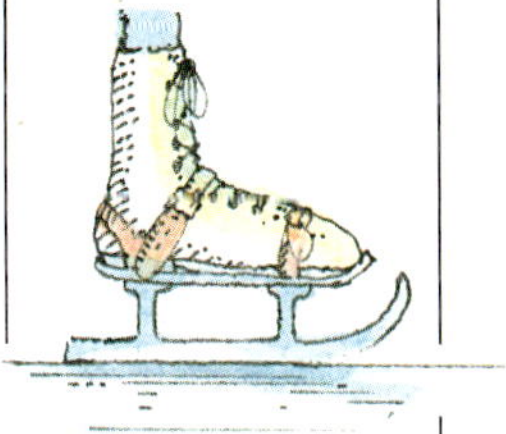

**Die großen Passagierschiffe.** Isambard K. Brunel entwarf die 207 Meter lange *Great Eastern* 1851. Sie hätte – wenn nötig – bis zu 2 000 Personen aufnehmen können.

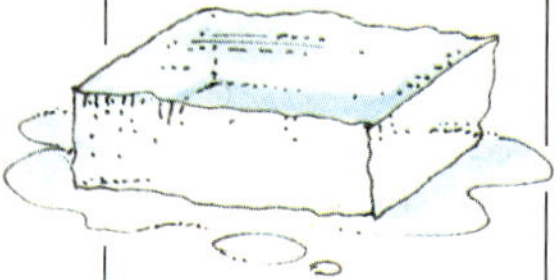

**1867** **Das Dynamit** machte seinen Entdecker, Alfred Nobel, reich. Er gründete die Nobelstiftung, durch die jährlich Preise an Personen verliehen werden, die sich um die Menschheit verdient gemacht haben.

**1862** **Der Eisblock** wurde industriell von Ferdinand Carré gefertigt. Zuvor schnitt man in Paris im Winter Eisblöcke aus den Seen im Park Bois de Boulogne, die in der Rue de la Glacière gelagert wurden.

**1863** **Das Fußballspiel.** Die „Football Association“ schrieb in England vor, daß die Spieler den Ball nicht mehr mit den Händen berühren dürfen.

**Januar 1863** **Die U-Bahn** wurde in London eingeweiht. Sie war dampfgetrieben und beförderte im ersten Jahr bereits neuneinhalb Millionen Personen.

**1865** **Das Hochrad** besaß, im Gegensatz zum Laufrad, Pedale. Die Tretkurbel war direkt an dem hohen Vorderrad befestigt.

**1878** **Die Heilsarmee,** eine religiöse Gemeinschaft, wurde in London gegründet. Ihre „Soldaten“ verbreiten noch heute als Straßenprediger und -musikanten den Glauben und setzen sich für die Armen ein.

**1869** **Die Farbphotographie** gelang erstmals Louis Ducos de Hauron. Im Jahre 1907 entwickelten die Gebrüder Lumière ein Verfahren, das auf den Markt gebracht werden konnte: die Autochrom-Platten.

**1870** **Der Dynamo** von Zénobe Gramme war der erste Stromerzeuger. Diese Erfindung machte es möglich, Häuser und Fabriken mit Elektrizität zu versorgen.

**1876** **Das Telephon** ließ Alexander Graham Bell patentieren. Er kam Elisha Grey damit um nur zwei Stunden zuvor. *„Hallo, hallo, Watson, sind Sie da?“* waren die ersten Worte, die durch eine Telephonleitung gingen.

*Ich grüß dich*
*durchs Telephon,*
*Guten Morgen,*
*du Gutes!*

Joachim Ringelnatz

**Die Hochspannungsleitung.** Dank des 1831 erfundenen Transformators konnte Strom, der von einem Alpenwasserfall erzeugt wurde, von Vizille nach Grenoble geleitet werden. Das ist eine Entfernung von vierzehn Kilometern.

**Die elektrische Glühbirne.** Seit der Erfindung der Batterie hatten zahlreiche Forscher vergeblich versucht, den Glühfaden zu erfinden. 1879 stellte Thomas Edison die dann bekannt gewordene elektrische Glühbirne mit Kohlefaden in den USA her. Sie brannte 13 1/2 Stunden. Lange vor ihm erfand aber der deutsch-amerikanische Uhrmacher Heinrich Goebel 1854 für seinen privaten Gebrauch eine elektrische Glühlampe. Sie besaß einen Glühfaden aus verkohlter Bambusfaser. Damit war das elektrische Licht erfunden.

**Der Phonograph.** Im Jahre 1877 entwarf Charles Cros in Paris den Plan für eine sprechende Maschine, die aber weder patentiert noch gebaut wurde. Im gleichen Jahr stellte Edison, der seit langem an der Tonwiedergabe arbeitete, in den USA seinen Phonographen vor. *Mary had a little lamb* (ein Volkslied) waren die ersten Worte, die in Zinnfolie eingeritzt wurden.

*Der Teufel kam hinauf*
*zu Gott*
*und brachte ihm sein*
*Grammophon*
*und sprach zu ihm, nicht*
*ohne Spott:*
*„Hier bring ich dir der*
*Sphären Ton."*

*Der Herr behorchte das*
*Gequiek*
*und schien im*
*Augenblick erbaut:*
*Es ward fürwahr die*
*Welt-Musik*
*vor seinem Ohr*
*gespenstisch laut.*

Christian Morgenstern

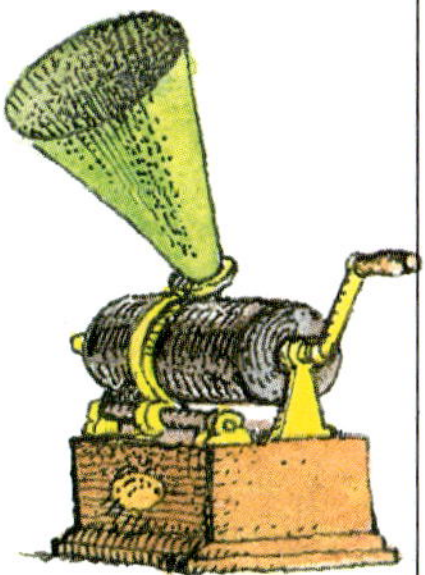

*O unberachenbere*
*Schreibmischane,*
*was bist du für ein*
*winderluches Tier?*
*Du tauschst die*
*Bachstuben günz nach*
*Vergnagen*
*und schröbst so scheinen*
*Unsinn aufs Papier!*

Josef Guggenmos

**1878** **Der Schlafsack,** außen aus wasserundurchlässiger grüner Plane, innen aus blaugefärbtem Schaffell, wurde für den Schriftsteller Robert Louis Stevenson angefertigt. Er brauchte ihn für seine Fußwanderung durch die Cevennen, auf der ihn Modestine, seine Eselin, begleitete.

**1874** **Schreibmaschinen** wurden von der Firma Remington in Rüstungsfabriken hergestellt, die nach dem amerikanischen Bürgerkrieg stillgelegt wurden.

**1878** **Der Solar-Heißwasserbereiter** von Augustin Mouchot. Mit ihm konnten sogar Zeitungen gedruckt werden: Eine Druckerpresse war an eine Dampfmaschine angeschlossen.

**1879** **Die Registrierkasse** kam aus den USA. Mit der Kasse von William Burroughs konnte man 1892 sogar schon Kassenbons drucken.

**1880** **Rollschuhe.** Walters stellte in London das elegante Modell (links) vor. James Plympton hatte aber bereits 17 Jahre früher in New York normale Rollschuhe mit vier Rädern patentieren lassen.

**1881** **Die elektrische Straßenbahn** von Werner von Siemens erhielt zunächst über die beiden Fahrschienen Strom. In Lichterfelde bei Berlin wurde sie in Betrieb genommen.

**Der Kaugummi,** den Thomas Adams herstellte, geht auf ein altes Rezept der Maya-Indianer zurück.

*An der elektrischen*
*Straßenbahn,*
*Da hängt oft hint ein*
*Wagen dran.*
*Der Wagen, der da*
*hängt daran.*
*Anhängerwagen heißt er*
*dann.*
*Er hängt daran nur*
*dann und wann*
*An der elektrischen*
*Straßenbahn.*

Karl Valentin

**1883** **Wolkenkratzer.** William Le Baron Jenney baute in Chicago ein neunstöckiges Haus in Stahlskelettbauweise.

**1884** **Abfalleimer** für die Pariser verordnete Eugène Poubelle, der für sein tadellosen Äußeres bekannt war (frz.: poubelle = Abfalleimer). Die Eimer waren für Haushaltsabfälle bestimmt.

**Den Füllfederhalter** ließ Waterman patentieren.

**1886** **Der Kraftwagen** mit Benzinmotor. Den ersten baute Gottfried Daimler. Er erhielt jedoch bald Konkurrenz von Carl Benz, den Brüdern Peugeot, Henry Ford, Louis Renault und anderen.

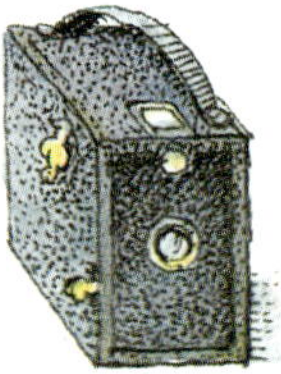

*In tausend Augen,*
*tausend Objektiven*
*spiegelt sich*
*die Stadt.*

Walter Benjamin

1889 **Der Eiffelturm** war die Hauptattraktion der Internationalen Weltausstellung in Paris. Sie fand zur Hundertjahrfeier der Französischen Revolution statt.

1888 **Das Fahrrad.** Das ehemalige Hochrad bekam eine Kette, einen gefederten Sattel und zwei gleich große Räder. John Boyd Dunlop, ein schottischer Tierarzt, erfand die Luftreifen.

1889 **Photographieren für jedermann:** *„Sie drücken nur noch auf den Knopf, alles andere machen wir für Sie!“* George Eastman erfand den Rollfilm und einen einfach zu bedienenden Photoapparat, den *Brownie Kodak.*

1890 **Die Klimaanlage.** In New York brachte die McLeod American Pneumatic Company eine Lüftungsanlage heraus, mit der man Innenräume im Winter warm und im Sommer kühl halten konnte.

9. Oktober 1890 **Das erste Motorflugzeug:** Clément Ader hob mit seinem Fluggerät, das er *Éole* nannte, einige Zentimeter vom Boden ab. Es wurde von einer Dampfmaschine angetrieben.

1891 **Das elektrische Bügeleisen.**

**Den Ventilator** verdanken wir Zénobe Gramme, der auch den Elektromotor erfand.

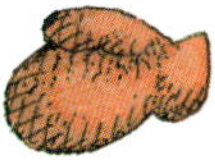

**Der Boxsport,** den bereits die alten Griechen ausübten, kam im 18. Jahrhundert wieder auf. Gekämpft wurde nach den Regeln des Marquis de Queensbury.

**Das U-Boot.** Jean Rey und Jules Carpentier erfanden das Periskop (Fernrohr für U-Boote). Damit nahm die Unterwasserschifffahrt ihren Anfang.

1892 **Coca-Cola.** Ihr berühmtes Rezept umfaßt fünfzehn Zutaten, darunter das geheimnisvolle „7 X". Der Apotheker Pemberton mixte es in Atlanta zusammen.

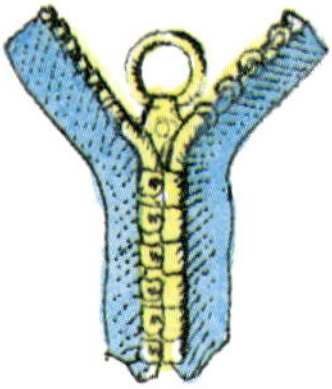

**1892** **Der Eisenbeton.** Den mit Eisenträgern verstärkten Beton erfand der Pariser François Hennebique.

**1893** **Der Reißverschluß.** Der Amerikaner Judson leistete die Vorarbeit zu diesem Kleiderverschluß, den der Schwede Sundback 1914 patentieren ließ.

**Das Aspirin.** Handelsname der Acetylsalicylsäure, eines Fieber- und Schmerzmittels, das 1899 von H. Dreser eingeführt wurde.

**1901** **Das Fingerabdruckverfahren** (Daktyloskopie) der Engländer Galton und Henry wurde bei der Polizei eingeführt, um Verbrecher zu ermitteln.

**1894** **Das Motorrad.** In diesem Jahr begann die erste Serienfertigung von Motorrädern.

**1895** **Die Röntgenaufnahme.** Wilhelm Röntgen entdeckte geheimnisvolle Strahlen, die er X-Strahlen nannte. Mit diesen Strahlen konnte er die Hand seiner Frau durchleuchten und abbilden.

**22. Juli 1894** **Das erste Autorennen** zwischen Paris und Rouen mit fünfzehn Teilnehmern. Sieger war der Marquis de Dion auf seinem Dampftraktor mit einer Durchschnittsgeschwindigkeit von 22,2 Stundenkilometern.

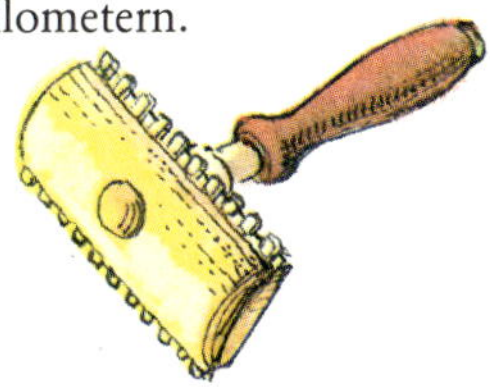

**1895** **Den Rasierer** mit auswechselbarer Klinge erfand King Camp Gillette.

**28. Dezember 1895** **Das Kino.** Die Gebrüder Lumière aus Lyon stellten im Indischen Salon des Grand Café am Boulevard des Capucines in Paris ihre Erfindung vor.

*Es wird nach einem*
*happy end*
*im Film jewöhnlich*
*abjeblendt.*
*Man sieht bloß noch in*
*ihre Lippen*
*den Helden seinen*
*Schnurrbart stippen –*
*da hat sie nu den*
*Schentelmen.*
*Na, un denn –?*

Kurt Tucholsky

8. April 1896 **Die Olympischen Spiele** wurden in Athen auf Inititative des Barons Pierre de Coubertin hin eröffnet. Sie hatten über 1 500 Jahre nicht mehr stattgefunden.

1895 **Der auswechselbare Autoreifen** war eine Erfindung der Gebrüder Michelin aus Clermont-Ferrand in Frankreich.

2. Juni 1895 **Das Radio.** Der Russe Alexander Popov übertrug drahtlos eine telegraphische Nachricht über eine Entfernung von 250 Metern. Drei Jahre später gelang es Marconi, Nachrichten auf diese Weise über den Ärmelkanal zu schicken.

1897 **Die Corn-flakes** (geröstete Maisflocken) erfanden die Gebrüder Kellogg, die ihre vierzehn kleinen Geschwister ernähren mußten. Sie wohnten mit ihren Eltern in einer Holzfällerhütte, tief in den Wäldern am Michigansee.

**1900** **Die Pariser U-Bahn** wurde am 19. Juli mit der Eröffnung der Linie Vincennes–Porte Maillot eingeweiht. Verantwortlicher Ingenieur war Fulgence Bienvenüe. Der Architekt Hector Guimard hatte die Haltestellen entworfen.

**1898** **Das Schaltgetriebe** mit Vorwärts- und Rückwärtsgang erfand Louis Renault.

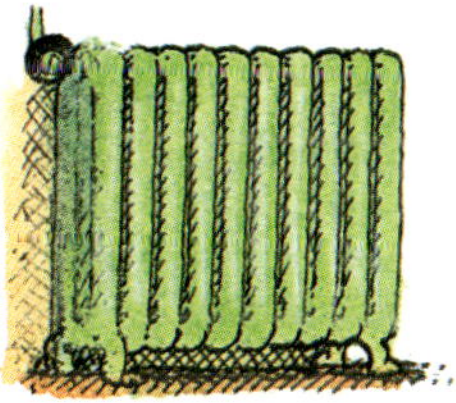

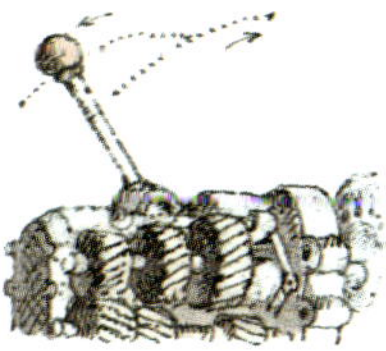

*Autosignale beherrschen das Großstadtorchester.*

Walter Benjamin

**1899** **Heizkörper** für die Zentralheizung.

**1. Mai 1899** **Die 100-Stundenkilometer-Grenze** überschritt Jenatzy mit seinem elektrisch angetriebenen Wagen, genannt „Jamais-Contente“ (frz.: nie zufrieden).

**Die Tour de France** wurde am 1. Juli 1903 zum ersten Mal über eine Strecke von 2 428 Kilometern in sechs Etappen ausgetragen. Von den sechzig Teilnehmern erreichten jedoch nur zweiundzwanzig das Ziel. Sieger war Maurice Garin.

*Als die Spitzengruppe*
*von einem*
*Zitronenfalter*
*überholt wurde,*
*gaben viele Radfahrer*
*das Rennen auf.*

Günter Grass

**Der Motorflug.** Am Morgen des 17. Dezembers 1903 stieg Orville Wright bei Kälte und Wind mit seinem Doppeldecker drei Meter hoch, flog sechsunddreißig Meter weit und setzte wieder auf. Dieser erste Flug dauerte zwölf wundervolle Sekunden!
Das Motorflugzeug hatte er zusammen mit seinem Bruder Wilbur in einer Werkstatt gebaut, in der sonst Fahrräder hergestellt wurden.
Bisher hatten die meisten Erfinder für ihre Flugversuche Geräte konstruiert, die das Flügelschlagen der Vögel nachahmten. Otto Lilienthal hatte sich jedoch den Gleitflug der Vögel zum Vorbild genommen. Die Gebrüder Wright knüpften daran an und entwickelten ihr Motorflugzeug.

*Im Bann des Propellers stößt der Apparat in die Höhe. Die ersten Sprünge wiegen sich in der elastischen Luft.*

Antoine de Saint-Exupéry

**Die Kunststoffe.** Léo Hendrik Backeland, ein in den USA lebender Belgier, erfand das Bakelit, das erste Duroplast, einen sehr harten und widerstandsfähigen Kunststoff.

*Gischt schäumt um den Bug wie Flocken von Schnee*

Theodor Fontane

**1907** **Mit der „Mauritania“** begann die Ära der großen Passagierdampfer, regelrechten schwimmenden Palästen, die den Atlantik überquerten. Zweiundzwanzig Jahre lang hielt sie den Streckenrekord Southampton–New York: vier Tage und sechzehn Stunden.

**1905** **Die Relativitätstheorie.** Albert Einstein war erst sechsundzwanzig Jahre alt, als er seine berühmte Theorie verkündete.

**Die Scheibenbremse** wurde in Großbritannien von Lanchester erfunden.

**1905** **Der Comic** *Little Nemo* von Winsor McCay erschien in täglichen Fortsetzungen in der Zeitung *New York Herald.*

**1907** **Die Pfadfinderbewegung** gründete Baden-Powell, ein General der britischen Kavallerie. Junge Leute sollten Körper und Geist ertüchtigen und täglich eine gute Tat vollbringen.

**1906** **Die Triode,** eine Elektronenröhre mit drei Elektroden, erfand der Techniker Lee de Forest. Er schuf damit die Grundlage für die Rundfunktechnik.

**Dreidimensionale Bilder** (3 D) wurden auf eine Spezialleinwand projiziert.

**Kaffee-Extrakt** (sofort löslich) konnte man erstmals in Chicago kaufen, wo ihn ein Japaner, Satori Kato, erfunden hatte.

**1908** **Der Rolls-Royce** *Silver Ghost.* Wenn man der Werbung Glauben schenken durfte, *das beste Auto der Welt.*

*„Was ist das für ein Ding da?“*
*„Das ist kein Ding. Das fliegt. Das ist ein Flugzeug.“*
*Und ich war stolz, ihm sagen zu können, daß ich fliege. Da rief er:*
*„Wie! Du bist vom Himmel gefallen?“*

Antoine de Saint-Exupéry

25. Juli 1909 **Blériot überquerte** mit seinem Eindecker **den Ärmelkanal.** Von Calais nach Dover flog er in 37 Minuten.

1908 **Der elektrische Staubsauger** von James M. Spangler war praktischer als der Staubsauger, den Cecil Booth bereits 1901 erfunden hatte.

1909 **Der Ford T.** Das erste relativ billige Auto. Dafür entwickelte Ford die Arbeit am Fließband (Massenproduktion).

1915 **Das Surfen** in Australien führte der berühmte Hawaiianer Duke Kahanamoku ein.

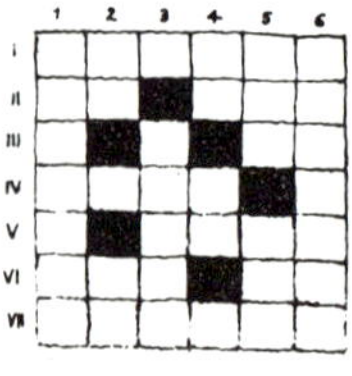


1913 **Kreuzworträtsel** wurden den Lesern der Zeitung *New York World* das erste Mal am 21. Dezember angeboten.

**1916** **Das Panzerfahrzeug.** Großbritannien setzte sechzig Panzer bei der Schlacht an der Somme ein. Ihnen folgten die Kampfpanzer von Renault.

*auf der verladerampe*
*wurden panzer*
*lastwagen*
*und kanonen verladen*
*singend fuhren die*
*soldaten*
*in den tod*

Manfred Hausin

**1913** **Den Büstenhalter** entwarf Caresse Crosby. Der Erfindergeist lag wohl in der Familie: Sie war die Enkelin von Robert Fulton, der das erste brauchbare Dampfschiff gebaut hatte.

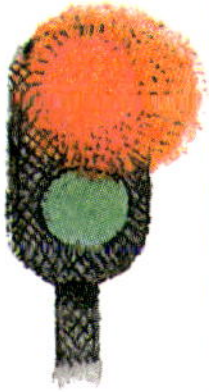

**Verkehrsampeln** mit roten und grünen Lichtern wurden in Cleveland eingeführt. Das gelbe Licht kam erst später bei den Ampeln in New York dazu.

**1918** **Der erste Supermarkt:** King Kullen in den USA, „der größte Preisbrecher der Welt".

*Ein Radio quasselt*
*Ein alleingelassenes*
*elektrisches Kind*
*zurückgedreht auf*
*ein Wispern*
*das sich einem in die*
*Knochen ätzt*

Rolf Lappert

1932 **Die Autobahn.** Fertigstellung der ersten europäischen Autobahn zwischen Köln und Bonn.

1920 **Die Armbanduhr** war eine Erfindung der Soldaten im Ersten Weltkrieg. Sie trugen ihre Uhr am Handgelenk.

1922 **Der Kühlschrank** wurde in den USA erfunden. Nach Europa kam er erst fünf Jahre später.

1924 **Die Papiertaschentücher.**

**Das Radio.** In Deutschland begann der Rundfunk mit regelmäßigen Sendungen.

6. Oktober 1927 **Der Tonfilm.** Al Jolson spielte in dem ersten erfolgreichen Tonfilm *Der Jazzsänger.*

<u>20./21. Mai 1927</u> **Die Überquerung des Atlantiks** im Alleinflug, ohne Zwischenlandung. Der damals fünfundzwanzigjährige Charles Lindbergh landete nach dreiunddreißigeinhalb Flugstunden mit seiner *Spirit-of-St.-Louis* in Le Bourget/ Paris.

<u>1928</u> **Die Sprayflasche.**

**Das Klebeband.**

<u>1929</u> **Das Monopoly Spiel** wurde in den USA von Charles Darrow erfunden, der durch die Wirtschaftskrise gerade finanziell ruiniert worden war.

<u>1913</u> **Die Leica.** Oskar Barnack erfand die erste deutsche Kleinbildkamera. Photographiert wurde auf Kinofilm.

**Die Tiefkühlkost** brachte Clarence Birdseye auf den Markt. Die Idee dazu war ihm bereits zehn Jahre vorher auf der Elchjagd in Labrador gekommen.

**1933** **Die Leuchtreklame.** Straßen, Kinos und Geschäfte werden mit der Neonröhre beleuchtet, die Georges Claude bereits 1910 erfunden hatte.

*Kluge Hunde führen über die Straßen den tastenden Blinden. Wittern und suchen und wissen den richtigen Weg zu finden.*

Kurt Tucholsky

**1930** **Die Waschmaschine** gab es jetzt in amerikanischen Haushalten.

**1931** **Der Blindenstock,** anfangs nur in Paris, wurde später weltweit von allen Blinden übernommen.

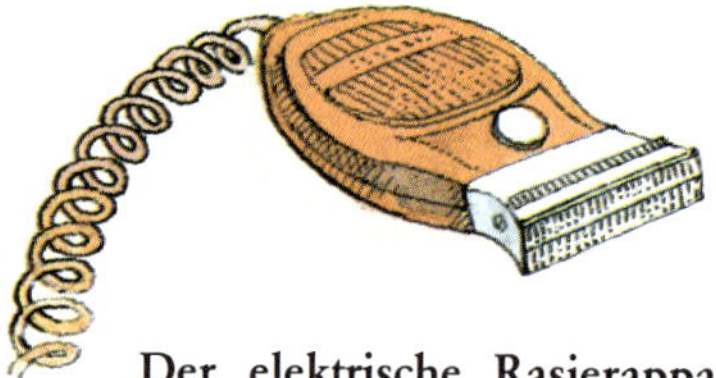

**Der elektrische Rasierapparat.** Jacob Schick ließ sich seine Erfindung patentieren.

**1931** **Das Empire State Building** in New York hat 102 Stockwerke und war zunächst 381 Meter hoch (seit 1950 mit Fernsehturm 448 m).

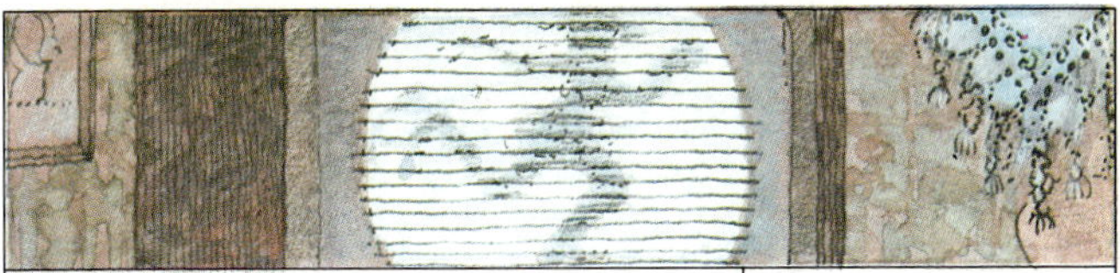

**1936** **Das Fernsehen.** Die BBC in England weihte am 22. November ein Programm mit regelmäßigen Sendungen ein. John Logie Baird hatte 1925 bereits mit ersten Versuchen begonnen.

**1932** **Die Farbphotographie.** Die beiden Hobbychemiker Leopold Godowsky, ein Geiger, und Leopold Mannes, ein Pianist, erfanden das Farbphoto für jedermann.

**1935** **Der Farbfilm.** Dank des von Herbert T. Kalmus entwickelten Verfahrens drehte Rouben Mamoulian in Hollywood *Becky Sharp* in Farbe, mit Miriam Hopkins in der Hauptrolle.

*Das hat mir am Kino besonders gefallen,*
*und deshalb ist er auch unter allen*
*Künsten, die es im Leben gibt,*
*diejenige Kunst, die am meisten beliebt:*
*Er macht dem Gehirn so gar nichts zu schaffen!*
*Du brauchst nur zu gaffen.*

Kurt Tucholsky

**1934** **Der VW** ***Käfer*** wurde von Ferdinand Porsche im Auftrag der deutschen Regierung entworfen. Von diesem Modell liefen danach mehr als zwanzig Millionen Exemplare vom Band.

**1940** **Automatikgetriebe** und Servolenkung bei den amerikanischen „Luxusschlitten“.

**1938** **Die Photokopie.** Das Xerographie-Verfahren wurde in New York entwickelt. Genutzt wurde es aber erst zehn Jahre später.

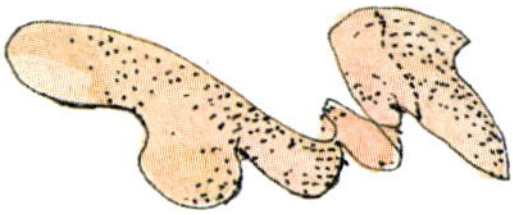

**Das Nylon** erfand der amerikanische Chemiekonzern Du Pont de Nemours. 1944 brachten die amerikanischen Soldaten Nylonstrümpfe mit nach Europa.

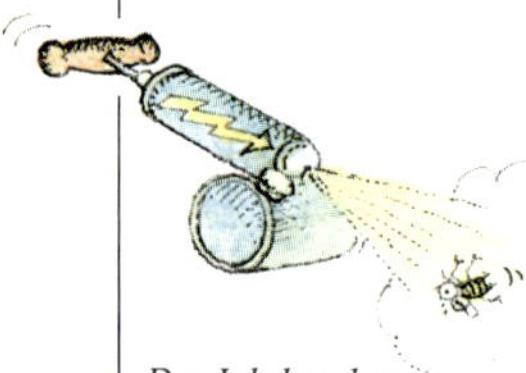

**1939** **Das DDT** kam aus der Schweiz. Die amerikanische Armee bekämpfte damit Flöhe und Läuse. Wegen hoher Giftigkeit ist es in Europa heute verboten.

*Das Jahrhundert*
*diese Scherbe*
*bunt bemalt*

*mit ihrer*
*vergifteten*
*Spitze*

Josef Hasl

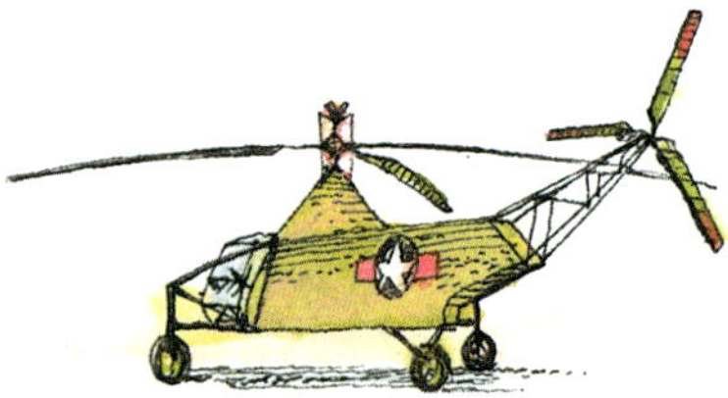

**Der Hubschrauber.** Seit 1907 frei fliegend, wurde er durch den Heckrotor von Igor Sikorskij zu einem ebenso sicheren Fluggerät wie das Flugzeug.

**Taschenbücher,** erstmals von dem Verlag Simon & Shuster in New York herausgegeben.

**1940** **Der Radar.** Zur Abwehr feindlicher Flugzeuge richtete Großbritannien ein sogenanntes „Radio Detection And Ranging"-Netz ein.

**Kugelschreiber,** nach dem Patent der Gebrüder Biro, wurden in Argentinien verkauft. 1945 folgte das Modell von Reynolds.

**Das Tonbandgerät,** wie es der Däne Valdemar Poulsen 1898 entwickelte, kam in Deutschland auf den Markt.

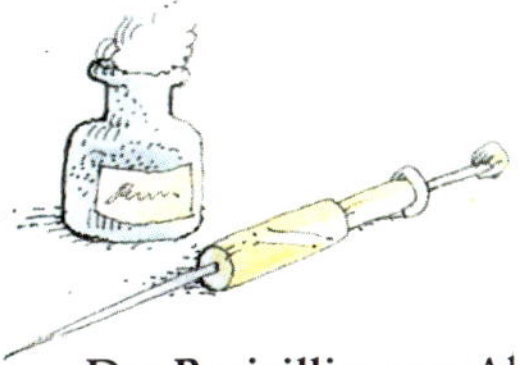

**1941** **Das Penicillin,** von Alexander Fleming bereits 1928 entdeckt, wurde erfolgreich bei einem Patienten angewandt.

**1942** **Die Kernenergie.** Enrico Fermi gelang in Chicago die erste fortlaufende Erzeugung von Atomenergie durch kontrollierte Kettenreaktion bei der Uranspaltung.

*Und Kernkraftwerke*
*in Sachsen*
*Und Kernkraftwerke*
*am Rhein*
*Und hüben und drüben*
*heucheln sie*
*Das soll für den*
*Fortschritt sein*
*Ich scheiß was auf*
*solchen Fortschritt*
*Der macht uns nur*
*sterbenskrank*
*Der führt uns fort von*
*der Menschheit fort*
*Und führt in den*
*Untergang*

Wolf Biermann

**15. Juli 1945** **Die erste Atombombe** wurde in New Mexico in der Alamogordo-Wüste getestet. Am Morgen des 6. August 1945 wurde die zweite Atombombe über Hiroshima, der siebtgrößten Stadt Japans, abgeworfen. 260 000 Menschen starben qualvoll. Die Stadt wurde völlig zerstört.

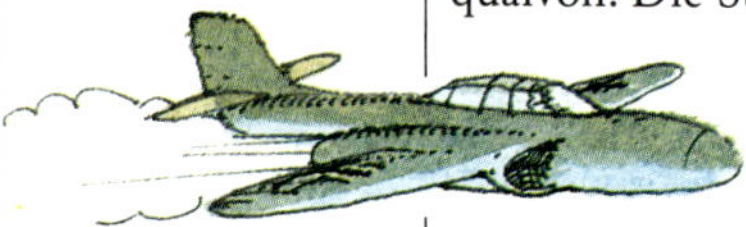

**1944** **Der Düsenjäger.** Die Messerschmitt Me-262 wurde in der deutschen Luftwaffe eingesetzt. Dies war der Anfang vom Ende der Luftfahrt mit Propellermaschinen.

**1945** **Der Computer.** Der ENIAC konnte in drei Millisekunden zwei zehnstellige Zahlen miteinander multiplizieren. Er wog jedoch 30 Tonnen und war mit 18 000 Elektronenröhren bestückt.

**1947** **Die Sofortbildphotographie.** Edwin Land brachte das Polaroid-Verfahren auf den Markt, das er selbst erfunden hatte.

**1954 Die Transplantation.** In Boston gelang einem Ärzteteam unter der Leitung von Dr. Joseph Murray eine Nierenverpflanzung. Im Jahre 1967 wagte sich Dr. Christian Barnard in Südafrika an eine Herztransplantation, der Patient überlebte jedoch nur zehn Tage.

*Die schwarzen Platten*
*tragen die Erinnerungen*
*und saugen auf, was sie*
*mit uns erlebt…*
*„Nola –“ haben die*
*Männerchen gesungen*

**14. Oktober 1947 Die Schallmauer.** Das Flugzeug Bell X-1 erreichte erstmalig Überschallgeschwindigkeit (etwa 1700 km/h).

**1947 Die Kontaktlinsen.**

**1948 Der Mikrowellenherd.** Er ist ein Beispiel für die friedliche Nutzung des Radars.

*„Nola – I love you –“*
*die Membrane bebt…*
*Holznadel. Von vorn.*
*Und im Gesange schwebt*
*heran*
*ein früher Tag im*
*Herbst, mit allem*
*Drum und Dran.*

Kurt Tucholsky

**1949 Langspielplatten** und Single-Schallplatten aus Kunststoff lösten die alten Schellackplatten ab, die pro Seite nur vier Minuten spielten.

**Der 2 CV,** auch „Ente“ genannt. Dieses Auto ist sehr belastbar und sparsam im Verbrauch.

**Das Cinemascope.** Im Jahre 1953 spielte die Schauspielerin Jean Simmons mit Richard Burton und Victor Mature in dem erfolgreichen Breitwandfilm *Das Gewand.* Durch die horizontal verbreiterte Leinwand fühlt sich der Zuschauer ins Filmgeschehen hineingezogen. Hollywood wollte so dem Fernsehen Konkurrenz machen.

*Nichts ist jetzt wichtiger*
*und nichts ist unnötiger*
*als bleich vom*
*Fernsehlicht dazusitzen*
*und zuzusehen*
*wie andere ihr Leben*
*abpacken*

Rolf Lappert

**Das Fernsehen.** Das Ikonoskop, oder die „Röhre", wie man heute oft hört, wurde in den USA von Vladimir Zworykin schon 1925 entwickelt.
Die Filmkamera existierte bereits seit 1928. Die Direktübertragung der Krönung Königin Elizabeths II. von England im Jahre 1953 war eines der Ereignisse, das zahlreiche Europäer veranlaßte, sich ein eigenes Fernsehgerät anzuschaffen.

**Der Motorroller** war eine lustige Marotte der fünfziger Jahre. In dem Film *Ein Herz und eine Krone* spielte er neben Audrey Hepburn und Gregory Peck eine Hauptrolle. Vespas – italienisch, auf deutsch: Wespen – schwärmten nun in allen Städten der Welt aus.

**Der Transistor** wurde 1948 in den USA erfunden. Dank seiner konnten kleine tragbare Radiogeräte hergestellt werden. Von diesem Zeitpunkt an verzeichnete die Elektronik rasche Fortschritte.

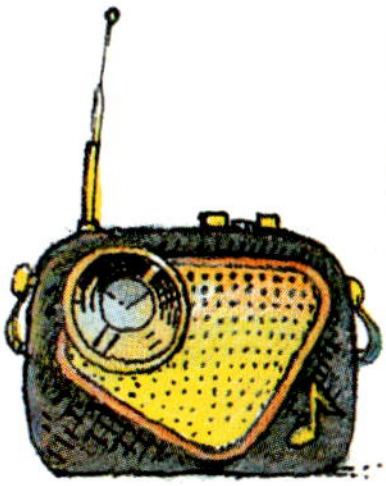

<u>29. Mai 1953</u> **Die Besteigung des Mount Everest** (8 872 m) gelang erstmals Edmund P. Hillary und seinem Sherpa Tenzing.

<u>1953</u> **Der Synthesizer.** Am 5. Oktober konnte man mit seiner Hilfe an der Columbia University in New York die *Polonaise in As-Dur,* op. 53, von Frédéric Chopin spielen.

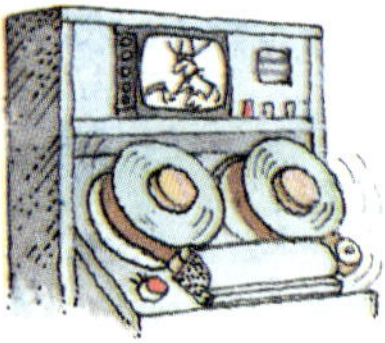

<u>1956</u> **Der Videorecorder** von Alexander M. Poniatoff. Er nannte seine Marke Ampex nach seinen Initialen, gefolgt von „ex“ für „exzellent“.

**Die Anti-Baby-Pille** des Dr. Gregory Pincus von der Harvard University.

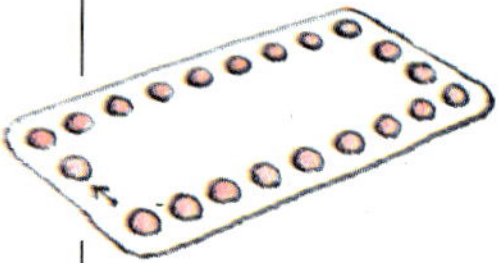

<u>4. Oktober 1957</u> **Der erste Satellit,** Sputnik, wurde von der UdSSR auf seine Umlaufbahn gebracht. Nach Versuchen mit einer Hündin, zehn Mäusen und Insekten umkreiste Jurij Gagarin vier Jahre später als erster Mensch die Erde.

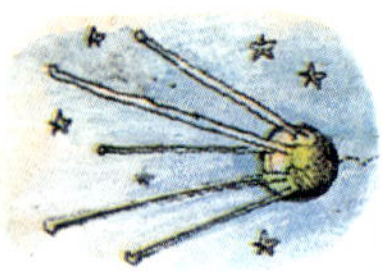

<u>1958</u> **Der Stereoton** auf Schallplatte und in Hi-Fi-Technik.

*gestern*
*ist es mir gelungen*
*das weltende*
*zu berühren*

Peter Höll

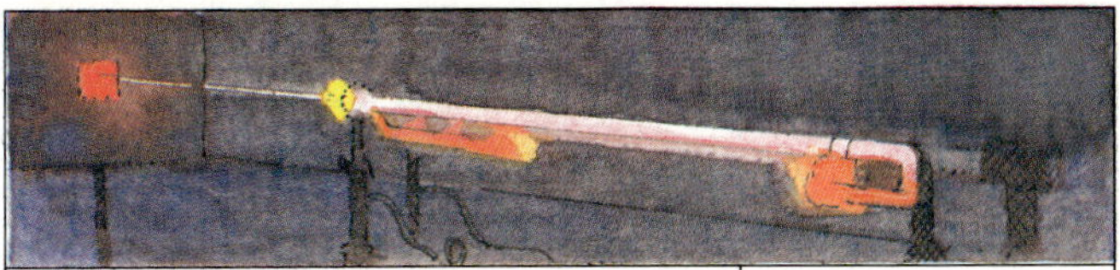

**1960** **Der Laser** ist gebündeltes Licht von hoher Strahlendichte, das vielseitig genutzt wird.

**Die Spiegelreflexkamera** mit automatischer Einstellung. Pentax und die japanische Photoindustrie eroberten den Weltmarkt.

**1958** **Der Düsenjet.** Eine Boeing 707 der Pan Am machte den Anfang im direkten Flugverkehr zwischen New York und Europa.

**11. Juni 1959** **Das Luftkissenfahrzeug** überquerte den Ärmelkanal, fünfzig Jahre nach Blériots Kanalflug. Der Erfinder war Christopher Cockerell.

**1963** **Miniaturkassetten** und tragbare Tonbandgeräte wurden von der holländischen Firma Philips eingeführt.

**1967** **Der Minirock,** eine Idee der Londonerin Mary Quant.

16. Juli 1969 **Die erste bemannte Mondlandung.** Die Besatzung von Apollo 11 bestand aus den Kosmonauten Neil Armstrong, Edwin Aldrin und Michael Collins.

**Das Farbfernsehen** zeigte Millionen von Fernsehzuschauern in Direktübertragung die ersten Schritte von Armstrong und Aldrin auf dem Mond.

**Jumbo-Jet** und Charterflüge haben die Kokospalmen für jedermann in greifbare Nähe gerückt.

1971 **Der Mikroprozessor** ist ein extrem verkleinertes Rechen- und Steuerwerk einer Rechenanlage (z. B. im Taschenrechner, Computerspiel, Großrechner).

1972 **Das Drachenfliegen.** Dieser Sport ist nicht ganz so gefährlich wie die Versuche, die Otto Lilienthal 1891 mit seinen Hängegleitern unternahm.

25. Juli 1978 **Das Retortenbaby.** Das erste, Louise Brown, kam in England zur Welt.

**1979** **Der Walkman** von Akio Morita, dem Begründer der Firma Sony. Beim Golfspielen wollte er Musik hören, ohne die anderen Spieler zu belästigen.

**Die Videokassette** kam aus Japan zu uns.

**Der Kleincomputer** Apple II. Zwei hochbegabte junge Männer aus San Francisco, Steve Jobs und Stephen Wozniak, verbesserten ihr erstes Gerät, den Apple I, den sie in einer Garage entwickelt hatten.

**1980** **Der Barcode** zur Preisauszeichnung von Waren kam aus den USA und Kanada.

5 410241 111338

**Die Kernresonanzspektroskopie,** eine besonders genaue Untersuchungsmethode, machte es möglich, innere Verletzungen jeglicher Art zu diagnostizieren.
**Den selbstklebenden Notizzettel** erfand der Ingenieur Arthur Fry. Er sang sonntags im Kirchenchor und konnte mit Hilfe dieser Zettel die Seiten in seinem Gesangbuch leichter finden.

<u>14. April 1981</u> **Die Raumfähre** Columbia landete nach ihrem ersten Flug in den Weltraum wie ein Flugzeug. Im All erreichte sie die 25fache Schallgeschwindigkeit.

**Das Minilab** Kiss. Mit diesem Photoschnellentwickler können Photos in weniger als einer Stunde entwickelt werden.

<u>1983</u> **Die CD** (Compact Disc) mit Laserabtastung tritt an die Stelle der herkömmlichen Schallplatte.

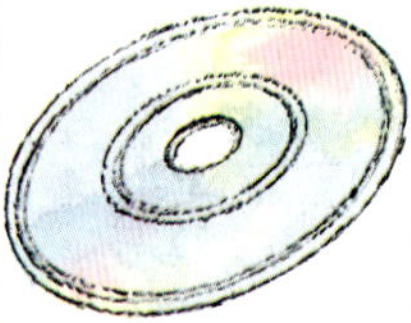

<u>1984</u> **Die Videokamera.** Videos verdrängen den Amateurfilm.

<u>1986</u> **Das Minoxidil,** das erste haarwuchsfördernde Mittel. Seine Wirkung zeigte sich überraschend an Patienten in Washington, die eigentlich wegen erhöhtem Blutdruck behandelt wurden.

1987 **Die Allradlenkung,** die schnellere Lenkmanöver möglich macht und besonders die Kurvenstabilität erhöht.

Per **Fernkopierer** oder **Telefax** können Bild und Text über das Fernsprechnetz sofort überallhin vermittelt werden.

1988 **Der Farbkopierer,** den wir ebenfalls dem Laserstrahl zu verdanken haben.

**Die Nachkolorierung,** um alte Schwarzweißfilme für das Fernsehen nachträglich farbig zu gestalten.

**Der Mobilfunk** ist bereits seit sieben Jahren in schwedischen Fahrzeugen anzutreffen. Bald schon werden hunderttausend Europäer tragbare Funktelephone besitzen.

**Gefrorenes** als Nachspeise für Hunde, nach dem Rezept eines Forschers der Ohio State University, kann man in den USA für eineinhalb Dollar kaufen.

1990 **Dieses Buch.**

# Übersicht über die Entdeckungen und Erfindungen

## Bibliographie zu den Gedichten und Auszügen


2 Günter Bruno Fuchs, „Schularbeiten", aus: Gemütlich summt das Vaterland. Gedichte, Märchen, Sprüche und allerhand Schabernack, © 1984 Carl Hanser Verlag, München - Wien

5 James Krüss, „Das Feuer" (Auszug), aus: James Krüss (Hrsg.), Der wohltemperierte Leierkasten, Verlag R. Löwit, Wiesbaden o. J.

5 Cesare Pavese, „Haus im Bau" (Auszug), aus: Sämtliche Gedichte, Claassen Verlag, Düsseldorf 1988

7 Simonides, zitiert nach: Aphorismen von A–Z. Das große Handbuch geflügelter Definitionen, gesammelt von Lothar Schmidt, Drei Lilien, Wiesbaden 1971

7 Ebd. S. 197

8 Johann Wolfgang von Goethe, Wilhelm Meisters Wanderjahre, 2. Buch, 8. Kapitel

9 Bertolt Brecht, „Der Radwechsel", aus: Gesammelte Gedichte, Band 3, Suhrkamp Verlag, Frankfurt am Main 1967

10 Hartmut Merkt, „Unauffindbar" (Auszug), aus: Fritz Deppert, Hanne F. Juritz, Karl Krolow (Hrsg.), Literarischer März. Lyrik unserer Zeit, Band 5, List Verlag, München 1987

11 Ina Seidel, „Der Pflüger" (Auszug), aus: Karl Otto Conrady (Hrsg.), Das große deutsche Gedichtbuch, Athenäum Verlag, Königstein 1977

11 Josef Guggenmos, „Verschneite Welt" (Auszug), aus: Was denkt die Maus am Donnerstag?, Georg Bitter Verlag, Recklinghausen 1967

13 Renate Welsh, „Ägypten", aus: Das Sprachbastelbuch, Abdruck mit Genehmigung des Verlages und der Autorin, © 1975 by Jugend und Volk Verlagsgesellschaft m.b.H., Wien - München

13 Heinz Piontek, „Schreiben", © beim Autor

14 René Schickele, „Katzen" (Auszug), aus: Welches Tier gehört zu Dir? Eine poetische Arche Noah, errichtet von Peter Hamm, Carl Hanser Verlag, München 1984

16 Horaz, „Roms Fluch" (Auszug), aus: Sämtliche Werke, Heimeran, München 1960

18 Joachim Ringelnatz, „An einen Leuchtturm" (Auszug), aus: Ringelnatz, Karl H. Henssel Verlag, Berlin 1964

19 F. C. Delius, „Schulreform" (Auszug), aus: Karl Otto Conrady … a. a. O.

21 Richard Dehmel, „Erntelied" (Auszug). Ebd.

21 Werner Zemp, „Brennt meine Kerze" (Auszug). Ebd.

23 Joachim Ringelnatz, „Segelschiffe" (Auszug), aus: Ringelnatz … a. a. O.

23 Ludwig Tieck, „Zeit" (Auszug)

24 Joachim Ringelnatz, „Das Kartenspiel" (Auszug), aus: Ringelnatz … a. a. O.

25 Wilhelm Busch, „Er stellt sich vor sein Spiegelglas" (Auszug)

27 Hans Sachs, „Aus Der Eigentlichen Beschreibung Aller Stände auf Erden" (Auszug)

28 Thomas Page, „Geheimnisvolle Indianer", F. A. Herbig, München 1979

29 Joachim Ringelnatz, „Ernster Rat an Kinder" (Auszug), aus: Und auf einmal steht es neben dir, Karl H. Henssel Verlag, Berlin 1950

31 Ina Seidel, „Regennacht" (Auszug), aus: Karl Otto Conrady … a. a. O.

32 Christian Morgenstern, „Die Korfsche Uhr" (Auszug), aus: Das große Christian Morgenstern Buch. R. Piper Verlag, München 1976

35 Gerrit Engelke, „Die Fabrik" (Auszug), aus: Karl Otto Conrady … a. a. O.

36 Joachim Ringelnatz, „Der Sänger" (Auszug), aus: Ringelnatz a. a. O.

37 Christian Morgenstern, „Mensch und Blitz" (Auszug), aus: Gedichte, R. Piper Verlag, München 1959

38 Wolf Biermann, „Das Frühstück" (Auszug), aus: Preußischer Ikarus, Kiepenheuer & Witsch, Köln 1978

38 Joachim Ringelnatz, „Mein Wannenbad" (Auszug), aus: Ringelnatz a. a. O.

39 Mary O' Hara, „Grünes Gras der Weide", Rheinische Verlagsanstalt, Wiesbaden o. J.

40 Eduard Mörike, „Der Feuerreiter" (Auszug)

41 Hans Carossa, „Alter Baum im Sonnenaufgang" (Auszug), aus: Sämtliche Werke, Insel Verlag, Suhrkamp Verlag 1978

41 Joachim Ringelnatz, „Kindergebetchen" (Auszug), aus: Und auf einmal … a. a. O.

42 Kurt Tucholsky, „Mit Zigaretten" (Auszug), aus: Gedichte, Rowohlt, Reinbek 1975

43 Joachim Ringelnatz, „Fallschirmsprung meiner Begleiterin" (Auszug), aus: Und auf einmal … a. a. O.

45 Oscar Wilde, „Lehren und Sprüche", Insel Verlag, Leipzig o. J.
46 Heinrich Heine, „Die Schlesischen Weber" (Auszug)
46 Paul Verlaine, „Walcourt" (Auszug), aus: Lyrik des Abendlands, gemeinsam mit Hans Hennecke, Curt Hohoff und Karl Vossler ausgewählt von Georg Britting, Carl Hanser Verlag, München 1953
47 Sarah Kirsch, „Muskelkater" (Auszug), aus: Zaubersprüche, Verlag Langenwiesche-Brandt, Ebenhausen 1974
48 Josef Guggenmos, „Das Klavier reißt aus" (Auszug), aus: Wenn Riesen niesen: Gedichte und Geschichten, Ueberreuter Verlag, Wien 1980
49 Karl Valentin, „Der Photograph" (Auszug), aus: Das große Karl Valentin Buch, R. Piper Verlag, München 1973
51 Gerrit Engelke, „Lokomotive" (Auszug), aus: Benno von Wiese (Hrsg.), Deutsche Gedichte, August Bagel, Düsseldorf 1955
51 Joachim Ringelnatz, „Spute dich!" (Auszug), aus: Ringelnatz ... a. a. O.
53 „Jesse James" (Auszug), aus: Don Paulin (Hrsg.), Das Cowboyliederbuch, dtv, München 1982
54 Josef Guggenmos, „Der Briefmarkensammler", aus: Wenn Riesen ... a. a. O.
57 Joachim Ringelnatz, „Letzte Abfahrt aus München" (Auszug), aus: Und auf einmal ... a. a. O.
59 Joachim Ringelnatz, „Telephonischer Ferngruß" (Auszug), aus: Ringelnatz a. a. O.
61 Christian Morgenstern, „Das Grammophon" (Auszug), aus: Das große Christian Morgenstern Buch, a. a. O.
62 Josef Guggenmos, „O unberachenbere Schreibmischane" (Auszug), aus: Was denkt die Maus ... a. a. O.
63 Karl Valentin, „Romanze in C-Moll oder Das Lied vom Sonntag" (Auszug), aus: Sturzflüge im Zuschauerraum, R. Piper Verlag, München 1969
64 Walter Benjamin, „Denkbilder", Suhrkamp Verlag, Frankfurt am Main 1974
67 Kurt Tucholsky, „Danach" (Auszug), aus: Gesammelte Werke, Band 8, Rowohlt Verlag, Reinbek 1960
69 Walter Benjamin, „Denkbilder", a. a. O.
71 Antoine de Saint-Exupéry, „Südkurier", Karl Rauch Verlag, Düsseldorf 1949
71 Günter Grass, „Tour de France", aus: Die Gedichte, Luchterhand Literaturverlag, Frankfurt am Main 1988
72 Theodor Fontane, „John Maynard" (Auszug)
74 Antoine de Saint-Exupéry, „Der kleine Prinz", Karl Rauch Verlag, Düsseldorf 1950
75 Manfred Hausin, „verladerampe" (Auszug), aus: Literarischer März, a. a. O.
76 Rolf Lappert, „Gemeinsame Sache" (Auszug), aus: Literarischer März, a. a. O.
78 Kurt Tucholsky, „Führerhunde" (Auszug), aus: Gedichte ... a. a. O.
79 Kurt Tucholsky, „Kino", aus: Gedichte ... a. a. O.
80 Josef Hasl, „Scherbengericht" (Auszug), aus: Atemspur, Gedichte, J. G. Bläschke, Darmstdt 1978
81 Wolf Biermann, „Deutsches Miserere" (Auszug), aus: Preußischer Ikarus, a. a. O.
83 Kurt Tucholsky, „Nola" (Auszug), aus: Gedichte a. a. O.
85 Rolf Lappert, „Gemeinsame Sache" (Auszug), aus: Literarischer März a. a. O.
86 Peter Höll, „höhenflug" (Auszug), aus: Lyrik Heute, Gedichte. Eine Auswahl neuer deutscher Lyrik, Edition L. Loßburg/Schwarzwald 1984

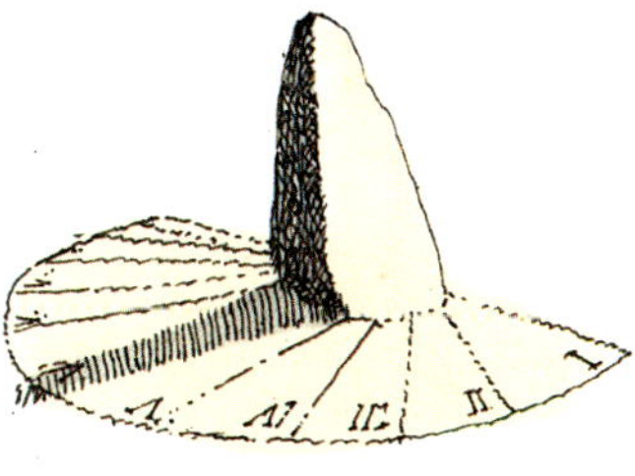